JN111975

科学と技術の発展

◆教科書 p.8-22

重要語句

□技術
□地動説
□科学
□科学技術
□機械論
□地球環境問題

ガリレオ

ガリレオは，1609年に天体望遠鏡を発明し，それを使って月や木星や土星を観察した。観察したときのスケッチが，「星界の報告」という本に残されている。

1　科学と技術

次の文の（　）に適する語句を入れよ。

人間の特徴の一つは（¹　　　）をもつことである。

16世紀になり，コペルニクスが自然を観察したうえで，それを基本に深く考えることにより，（²　　　）を提唱した。自然誌と自然哲学が結びついた（³　　　）の始まりである。

（³　　　）によって得られる自然に関する知識を活用すれば，より有効な（¹　　　）すなわち（⁴　　　）を開発できることがわかってきた。

ニュートンの（⁵　　　）は，自然界すべてにはたらく基本法則であり，ここから生まれた力学はあらゆる技術の基本となっている。

哲学者のデカルトが「人間のからだも含めて自然は機械として理解できる」といった。これを（⁶　　　）という。つまり，すべてのものは部品に分解することで，そのはたらきを知ることができるとしたのである（還元論）。（⁶　　　）・還元論をもとに，そこから新技術が生まれるようになった。

これまでの（³　　　）や（⁴　　　）が新しいものを生み出し，生活を便利にしてきたが，資源やエネルギーの使いすぎによって（⁷　　　）問題が起きた。現在の（⁴　　　）のもつ問題点を考えてみることも重要である。

2　科学者

次の人物に関連のある〔内容〕を下から選び，記号で記入せよ。

ア　コペルニクス　　　　　（　　　）
イ　ガリレオ　　　　　　　（　　　）
ウ　ニュートン　　　　　　（　　　）
エ　デカルト　　　　　　　（　　　）

〔内容〕

① 「自然は数式で書かれた書物だ」といった。
② 自然界の基本法則である万有引力の法則を発見した。
③ 自然を観察し，深く考えることにより地動説を提唱した。
④ 新しい技術を生み出すもととなった機械論・還元論を提唱した。

□メタンハイドレート
□熱水鉱床
□マンガン団塊
□レアアース
□土壌
□再生可能エネルギー
□バイオテクノロジー

3　海底資源

次の海底資源について（　）に適する語句を下の〔語群〕から選び記号で記入せよ。

ア（　　　　），イ（　　　　），ウ（　　　　），エ（　　　　）

	特徴	含有する金属
（　ア　）	海底からの噴出物に含まれる金属成分が沈殿してできたもの	銅，鉛，亜鉛，金，銀など
（　イ　）	希少金属を高濃度に含む堆積物	レアアース
（　ウ　）	海底の岩石を覆う厚さ数〜10数cmのマンガン酸化物で，コバルトを含んだもの	マンガン，銅，ニッケル，コバルト
（　エ　）	直径2〜15cmの楕円体のマンガン酸化物で，海底面上に分布しているもの	マンガン，ニッケル，銅，コバルト

〔語群〕

①　コバルトリッチクラスト　　②　マンガン団塊

③　海底熱水鉱床　　④　レアアース泥

4　肥料

肥料に関する次の問いに答えよ。

(1)　肥料の三要素とされる元素は何か。

（　　　　　　　　），（　　　　　　　　），（　　　　　　　　）

(2)　1913年に窒素と水素を反応させアンモニアの合成に成功したのは誰か。　　　　（　　　　　　　　　　）

5　科学技術の活用

次の科学技術の活用に関連する〔内容〕を下から選び記号で記入せよ。

ア　再生可能エネルギー　　　　　　　　　　　　　　（　　　）

イ　バイオテクノロジー　　　　　　　　　　　　　　（　　　）

ウ　コンピュータ　　　　　　　　　　　　　　　　　（　　　）

〔内容〕

①　作物とそれをとり巻く環境についてのデータをとり，活用するために利用される。

②　太陽光や風力以外にもバイオマスの利用が注目されている。

③　遺伝子であるDNAを操作する技術を活用する。

ハーバー・ボッシュ法

ハーバーとボッシュが開発したアンモニアの製造法。この方法が確立され，化学肥料の大量生産が可能になり，20世紀以降の人口爆発を支えた。

1節　材料とその再利用

生活の中のさまざまな物質

学習日

◆教科書 p.24-29

重要語句

□金属
□プラスチック
□セラミックス
□合金
□原子
□分子
□イオン
□原子核
□陽子
□中性子
□電子
□質量数
□元素
□原子番号
□元素記号
□金属元素
□非金属元素

1　日常生活で見る材料

次の文の（　）に適する語句を入れよ。

人間生活では，さまざまな物質が材料として利用されている。おもな材料として（¹　　　），（²　　　），（³　　　）があげられる。これらはそれぞれ用途に応じて使用されている。

（¹　　　）は，特有の光沢があり，熱や電気を伝えやすく，かたさや強度が優れている。2種類以上の金属などをとかし合わせた（⁴　　　）として使われることが多い。

（²　　　）は，軽くて腐食しにくく，さまざまな形に加工しやすい性質がある。

コンクリート，かわらなどには，石や粘土などを焼き固めた材料である（³　　　）が使われている。

2　原子の構造と元素記号

次の図は原子の構造と元素記号を表している。下の各問いに答えよ。

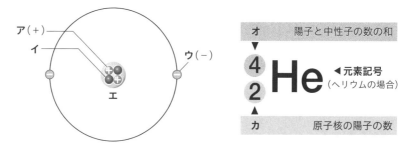

質量数

質量数は原子の質量を表すものであるが，電子の質量を加えない。これは電子の質量が陽子に比べて約 $\frac{1}{1840}$ しかないからである。

(1) 図のア〜エに適する語句を〔語群〕から選び記号で記入せよ。

ア（　　）イ（　　）ウ（　　）エ（　　）

〔語群〕

① 原子核　　② 電子　　③ 陽子　　④ 中性子

(2) 図のオ，カに適する語句を〔語群〕から選び記号で記入せよ。

オ（　　）カ（　　）

〔語群〕

① 原子番号　　② 電子の数

③ 質量数　　④ 中性子の数

3　周期表

次の文の（　）に適する語句を入れよ。

　元素を（¹　　　　　）の順に並べると，単体の融点などの性質が似たものが周期的に現れる。この周期性を元素の（²　　　　　）といい，（²　　　　　）に従って元素を並べた表を元素の（³　　　　　）という。

4　元素記号

次の元素の元素記号を記入せよ。

(1)　水素　　　　　　　　　　　　（　　　　　　　）

(2)　炭素　　　　　　　　　　　　（　　　　　　　）

(3)　マグネシウム　　　　　　　　（　　　　　　　）

(4)　カリウム　　　　　　　　　　（　　　　　　　）

(5)　鉄　　　　　　　　　　　　　（　　　　　　　）

(6)　塩素　　　　　　　　　　　　（　　　　　　　）

(7)　銅　　　　　　　　　　　　　（　　　　　　　）

(8)　酸素　　　　　　　　　　　　（　　　　　　　）

5　元素名

次の元素記号の元素名を記入せよ。

(1)　He　　　　　　　　　　　　　（　　　　　　　）

(2)　N　　　　　　　　　　　　　 （　　　　　　　）

(3)　Na　　　　　　　　　　　　　（　　　　　　　）

(4)　Ag　　　　　　　　　　　　　（　　　　　　　）

(5)　Al　　　　　　　　　　　　　（　　　　　　　）

(6)　Si　　　　　　　　　　　　　（　　　　　　　）

(7)　Zn　　　　　　　　　　　　　（　　　　　　　）

あせらず元素名と元素記号を覚えていこう。

6　周期表の特徴

　周期表の特徴に関する以下の文について，正しいものを一つ選び記号を記入せよ。　　　　　　　　　　　　　　　　　　　（　　　　）

①　O と S は同じ 16 族なので，性質がよく似ている。

②　C と N は同じ第 2 周期なので，性質がよく似ている。

③　18 族の元素をハロゲンとよぶ。

④　K や Ca は遷移元素に属している。

7　化学結合①

次の文の（　）に適する語句を入れ，{　}の中の正しいものを選べ。

物質を構成する粒子は，それぞれ結びついており，この結びつきを（¹　　　　　）という。

（¹　　　　　）には大きくわけて，3種類ある。金属元素の原子は電子を出して{² 陽イオン ， 陰イオン }になりやすく，非金属元素の原子は電子を受け取って{³ 陽イオン ， 陰イオン }になりやすい。そのため，（¹　　　　　）する粒子が金属元素なのか非金属元素なのかによって，（¹　　　　　）の種類は異なる。

鉄 Fe のような金属元素の原子どうしの結合を（⁴　　　　　），食塩（塩化ナトリウム NaCl）のような金属元素の原子と非金属元素の原子の結合を（⁵　　　　　），ポリエチレンのような非金属元素の原子どうしの結合を（⁶　　　　　）という。

8　化学結合②

次の物質はどの化学結合でできているかを下の〔結合〕から選び記号で記入せよ。

(1)　塩化カリウム（KCl）　　　　　　　　　　　（　　　）

(2)　水素（H_2）　　　　　　　　　　　　　　　（　　　）

(3)　アルミニウム（Al）　　　　　　　　　　　（　　　）

〔結合〕

①　金属結合　　②　イオン結合　　③　共有結合

9　化学結合③

次の文が説明しているものの用語を記入せよ。

ア　金属で金属原子どうしを結びつける役割をはたしている電子

　　　　　　　　　　　　　　　　　　　（　　　　　）

イ　共有結合で共有されている2個の電子の組　（　　　　　）

ウ　共有結合をつくるときに用いられる電子の数　（　　　　　）

エ　共有されている電子の組が2組の共有結合　（　　　　　）

10　原子価

次の元素の原子価を記入せよ。

①　炭素（C）　②　水素（H）　③　窒素（N）　④　塩素（Cl）

　　　①（　　）　②（　　）　③（　　）　④（　　）

1節　材料とその再利用

2 金属

◆教科書 p.30-35

重要語句

□合金
□展性
□延性

1　金属の利用

次の文の（　）に適する語句を入れよ。

金属は，かたくて光沢があり，古くから使われてきた。また，金属は単独で利用されるだけでなく，ほかの金属と混ぜて（¹　　　　）として用いられる。（¹　　　　）にすることにより，一部の性質が変化して利用しやすくなり，金属としての性能も向上する。

2　金属の特徴

金属の特徴として正しい場合は○を，誤っている場合は×を（　）内に入れよ。

(1)　電気伝導性がよい。 （　　）

(2)　かたくてもろい。 （　　）

(3)　延性に富む。 （　　）

(4)　展性がない。 （　　）

(5)　独特のくすみがあり，光をあまり反射しない。 （　　）

電気伝導性と熱伝導性

電気の伝わりやすさと，熱の伝わりやすさはいっけんかかわりがなさそうに見えるが，電気を伝えるのも，熱を伝えるのも自由電子なので，これらのあいだには関連性がある。

3　金属の特徴と用途

次の金属の〔特徴と用途〕を下から選び記号で記入せよ。

ア　アルミニウム （　　）

イ　銅 （　　）

ウ　鉄 （　　）

エ　ジュラルミン （　　）

オ　ステンレス鋼 （　　）

カ　黄銅 （　　）

〔特徴と用途〕

①　Fe, Cr, Ni からできていてさびにくく台所用品などに使われる。

②　融点が高く強度があり，建築材料や調理器具などに使われる。

③　赤色の光沢をもち電気伝導性が高いため電線などに使われる。

④　Al, Cu, Mg からできていて軽くてじょうぶ，航空機などに使われる。

⑤　Cu, Zn からできていて，金色の光沢があり楽器などに使われる。

⑥　銀白色で密度が小さく，自動車や窓枠などに使われる。

出てきた金属について，特徴を説明できるかな。

4　金属の製錬

次の文の（　）に適する語句を入れよ。

金属の多くは（¹　　　　）ではなく，地中で酸素などと結合した（²　　　　）として存在している。（¹　　　　）として利用するために，（³　　　　）といわれる方法を行う。

鉄は，現在，最も生産量が多い金属で，単体は灰白色である。（⁴　　　　）を溶鉱炉に入れ，得られた（⁵　　　　）を転炉に移し，かたい（⁶　　　　）が得られる。

銅は，鉄・アルミニウムについで生産量が多く，赤色の光沢があり，比較的やわらかい金属である。（⁷　　　　）を化学的に処理してつくられる粗銅板を陽極に，純銅板を陰極にして，硫酸銅（Ⅱ）水溶液を電気分解すると，陽極の銅が銅（Ⅱ）イオンとして溶け出し，陰極に純銅が析出する。これを銅の（⁸　　　　）という。このため，銅の生産には，多くの（⁹　　　　）を使用する。

アルミニウムは，銀白色でやわらかく，密度の低い軽金属である。ボーキサイトから得られる（¹⁰　　　　）を溶解し，電気分解してアルミニウムを得ている。これを（¹¹　　　　）という。アルミニウムの生産には，ほかの金属と比較して非常に膨大な（⁹　　　　）が必要であるため，アルミニウムはコストの高い金属となり，電気の（¹²　　　　）といわれる。

5　鉄の製錬

次の図は鉄の製錬のようすを表している。**ア〜エ**にあてはまる語句を下の〔**語群**〕から選び記号で記入せよ。

ア（　　） イ（　　） ウ（　　） エ（　　）

〔**語群**〕

① 炭素　② コークス　③ 酸素　④ 一酸化炭素

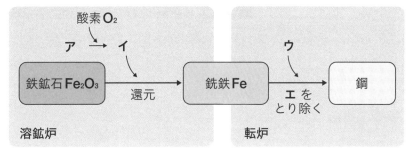

重要語句

□腐食
□イオン化傾向
□イオン化列

6 金属の腐食・イオン化傾向

次の文の（　）に適する語句を入れよ。

(1) 金属がさびるのは，空気中の酸素や水と反応して（¹　　　　　）になり，化合物をつくるからで，このように金属が（²　　　　　）によって変質し，劣化する現象を（³　　　　　）という。

(2) 金属の単体を水溶液中に入れると，金属は電子を放出し，（⁴　　　　　）になろうとする。金属の（⁴　　　　　）へのなりやすさを金属の（⁵　　　　　）という。（⁵　　　　　）の大きい金属ほど，空気・水・酸と激しく反応する。各金属を（⁵　　　　　）の大きさの順に並べたものを（⁶　　　　　）という。

7 イオン化列

次の〔金属〕をイオン化傾向の大きいものから順に並べ記号で記入せよ。　　　　（　　　→　　　→　　　→　　　→　　　→　　　）

〔金属〕

① Au ② Cu ③ K ④ Ag ⑤ Na ⑥ Fe

8 イオン化傾向

思考 金属A，Bのイオン化傾向を比較するため，Aが陽イオンとして溶けた水溶液をつくり，その中にBを浸した。Bの方がAよりイオン化傾向が大きい場合はどのような変化が起きるかを下の〔変化〕から選び記号で記入せよ。　　　　　　　　　　　　　　（　　　）

〔変化〕

① 何も変化しない。　② Bが溶けてなくなる。

③ Bは変化せず，そのまわりにAが析出する。

④ Bが溶け出しAが析出する。

めっき

鉄板を腐食から守るために亜鉛をめっきしたものをトタンという。また，鉄板にスズをめっきしたものをブリキという。イオン化傾向は，鉄に対して亜鉛は大きく，スズは小さい。そのため，用途や使用できるところが異なっている。

イオン化傾向について，自分で説明できるかな。

9 金属の腐食の防止

次の金属の腐食防止の〔方法〕を下から選び記号で記入せよ。

ア 化学処理　イ めっき　ウ 塗装

ア（　　）　イ（　　）　ウ（　　）

〔方法〕

① 表面に金属以外の物質を塗る。

② 表面を別の金属でおおう。

③ 表面をさびない酸化物などに変える。

3 プラスチック

◆教科書 p.36-42

重要語句

□高分子化合物
□合成高分子化合物
□プラスチック（合成樹脂）
□合成繊維
□熱可塑性樹脂
□熱硬化性樹脂

1　プラスチックの性質

次の文の（　）に適する語句を入れよ。

　天然に存在する（¹　　　　　）であるデンプンやセルロース，タンパク質などをまねて，その特性をいかすように人工的に合成された高分子化合物を（²　　　　　）という。そのうち，樹脂状のものを（³　　　　　）といい，形状が繊維状のものを（⁴　　　　　）という。（³　　　　　）は熱に対する性質からさらに（⁵　　　　　）と（⁶　　　　　）にわけられる。（⁵　　　　　）は，熱を加えるとやわらかくなり，冷やすと再びかたくなる性質をもつ。（⁶　　　　　）は，原料に熱を加え，硬化させて製造する樹脂で，再び加熱しても，ほとんどやわらかくならない性質をもつ。

2　プラスチックの特徴

思考　プラスチックの特徴として正しい場合は○，誤っている場合は×を（　）内に入れよ。

(1)　電気を通しやすい。　　　　　　　　　　　　　　　（　　　）

(2)　成形しやすい。　　　　　　　　　　　　　　　　　（　　　）

(3)　変質・腐食しやすい。　　　　　　　　　　　　　　（　　　）

(4)　軽い。　　　　　　　　　　　　　　　　　　　　　（　　　）

(5)　酸やアルカリなどの薬品におかされにくい。　　　　（　　　）

フェノール樹脂

最も古いプラスチックの一つで，開発者ベークランドの名前にちなんでベークライトという名前で商品化された。そのため，フェノール樹脂自体をベークライトとよぶことも多い。

3　プラスチックの利用

次のプラスチックの〔特徴と用途〕を下から選び記号で記入せよ。

ア　ポリエチレンテレフタラート　　イ　ポリ塩化ビニル

ウ　フェノール樹脂　　エ　メラミン樹脂

　　　　　ア（　　　）イ（　　　）ウ（　　　）エ（　　　）

〔特徴と用途〕　①　熱，水，薬品に強く，食器などに使われる。

　②　硬質にも軟質にも加工でき燃えにくく，食品ラップなどに使われる。

　③　強度が高く，無色透明で再利用が可能，容器などに使われる。

　④　褐色の樹脂で，熱や電気を伝えにくく，鍋のふたの取っ手などに使われる。

重要語句
□共有結合
□重合
□単量体（モノマー）
□重合体（ポリマー）
□付加重合
□縮合重合

4　プラスチックの構造・合成

次の文の（　）に適する語句を入れ，{　}の中の正しいものを選べ。

プラスチックのおもな原料は，石油中にある（¹　　　　　）とよばれる分子である。この分子は，非金属元素である炭素と水素でできている。非金属元素の原子どうしは，それぞれの電子を（²　　　　）することによって{³　金属　，　イオン　，　共有　}結合し，分子をつくっている。

プラスチックは，（¹　　　　　）などの小さな分子を多数つなげて（重合）つくられた高分子化合物である。原料となる小さな分子を（⁴　　　　　），重合によりできた高分子化合物を（⁵　　　　）という。

重合には大きくわけて，（⁶　　　　　）と（⁷　　　　　）の2種類の方法がある。

5　プラスチックの合成

付加重合と縮合重合の〔**説明と例**〕を下から選び記号で記入せよ。

ア　付加重合　　　　　　　　　　　　　　　　　（　　　）

イ　縮合重合　　　　　　　　　　　　　　　　　（　　　）

〔**説明と例**〕

①　分子と分子のあいだから水などの小さな分子がとれて結合していく，ポリエチレンテレフタラートなどがある。

②　分子と分子のあいだに水などの小さな分子が入り込んで結合していく，ポリ塩化ビニルなどがある。

③　二重結合をもつ単量体の二重結合の一方が切れて別の分子と結合していく，ポリプロピレンなどがある。

④　二重結合をもつ単量体が別の二重結合をもつ単量体に置き換わって結合していく，フェノール樹脂などがある。

6　プラスチックの構造

ポリエチレンとエチレンはそれぞれ何とよばれる分子か，それぞれ下の〔**語群**〕から選び記号で記入せよ。

ポリエチレン　　　　　　　　　　　　　　　　　（　　　）

エチレン　　　　　　　　　　　　　　　　　　　（　　　）

〔**語群**〕

①　単量体　　　②　重合体

ポリ

ポリエチレン，ポリエステル，ポリ塩化ビニルなど重合体（ポリマー）の名前の前についている「ポリ」は，接頭語とよばれ，「多数の」という意味を表している。

プラスチックの種類と特徴を自分で説明できるかな？

重要語句

□廃プラスチック
□機能性高分子化合物
□生分解性プラスチック
□導電性プラスチック
□高吸水性プラスチック

7 プラスチックの廃棄・新素材

次の文の（　）に適する語句を入れよ。

(1) 私たちの生活で広く使われているプラスチックを適切に廃棄しないと，地球環境に大きな影響を及ぼしてしまう。使用後，廃棄されたプラスチックを（¹　　　　　）といい，これらは焼却・粉砕などの適切な処理を行う必要がある。

(2) 特定の機能を付与したプラスチックなどの高分子化合物を（²　　　　　）という。分解されにくく環境問題の原因になってしまうという弱点を補った（³　　　　　）プラスチックや，電気を通す（⁴　　　　　）プラスチック，多量の水を吸収する（⁵　　　　　）プラスチックなど，新素材が開発されている。

8 廃プラスチックの処理

次のプラスチックのリサイクル方法の〔説明〕を下から選び記号で記入せよ。

　ア　マテリアルリサイクル　　　　　　　　　　　　（　　　）
　イ　ケミカルリサイクル　　　　　　　　　　　　　（　　　）
　ウ　サーマルリサイクル　　　　　　　　　　　　　（　　　）

〔説明〕

①　廃プラスチックを焼却することで発生する熱を利用する。

②　洗浄・粉砕・分別された廃プラスチックを加熱してとかし，再成形し再利用する。

③　廃プラスチックを化学的に分解し，燃料や化学工業の原料として再利用する。

9 新素材

思考 以下の機能性高分子化合物について，正しい場合は○，誤っている場合は×を，（　）内に入れよ。

(1) 生分解性プラスチックは地中の微生物によって分解されるものであり，代表例がポリエチレンである。　　　　　（　　　）

(2) 導電性プラスチックは電気を通すものであり，携帯電話のタッチパネルなどに利用されている。　　　　　　（　　　）

(3) 高吸水性プラスチックは，多量の水を吸収するだけでなく，吸水後は加圧しても水が外に出にくいので，紙おむつや土壌の水分保持剤として利用されている。　　　　　（　　　）

高吸水性プラスチック

紙おむつをはじめ，保冷剤，土壌保水剤，芳香剤など幅広く使われているが，世界ではじめて商業生産したのは日本の企業である。

理解ができたら Check! ▶

4

セラミックス

学習日

◆教科書 p.43

重要語句

□セラミックス
□ガラス
□陶磁器
□土器
□陶器
□磁器
□セメント
□コンクリート
□ファインセラミックス（ニューセラミックス）

陶器と磁器

陶器は陶土とよばれる土が主たる材料で，磁器は陶石とよばれる石が主たる材料で，それを砕いてつくる。そのため，陶器は土もの，磁器は石ものとよばれることもある。

1　セラミックスの分類

次の文の（　）に適する語句を入れよ。

（¹　　　　　）とは，非金属の素材を焼き固めた（²　　　　　）のことである。

（³　　　　　）は，（⁴　　　　　）を主成分とする固体であり，びん・窓ガラスなどに広く使用されている。

（⁵　　　　　）は，粘土などを練って焼き固めたもので，原料の質と焼く温度や時間により，土器・陶器・磁器にわけられる。

（⁶　　　　　）は，石灰石や粘土などをかき混ぜながら加熱して反応させ，少量のセッコウを混ぜたものである。（⁶　　　　　）に砂や砂利を混ぜ，水で練って固めたものが（⁷　　　　　）である。

（⁸　　　　　）は，従来にない新しい機能をもたせたセラミックスである。熱や摩耗に強く，生体にも安全である。

2　セラミックスの用途

次のセラミックスの〔用途〕を下から選び記号で記入せよ。

ア　セメント　　　　　　　　　　　　　　　　　（　　　）
イ　ガラス　　　　　　　　　　　　　　　　　　（　　　）
ウ　陶磁器　　　　　　　　　　　　　　　　　　（　　　）
エ　ファインセラミックス　　　　　　　　　　　（　　　）

〔用途〕

①　食器をはじめ調理器具としても日常生活全般において古くから利用されてきた。

②　びん・窓ガラスなどに広く使用されている。光の透過性が高いため，レンズなどの光学用器具から，純度の高いものは光ファイバーとしても利用されている。

③　ナイフなどの日用品や発電機のタービン，また人工骨や人工関節・人工歯などに使われている。

④　住居からダムやビルといったものまで多くの建造物に建築資材として使われている。

節末問題

1節　材料とその再利用

1　原子の構造と化学結合

◆教科書 p.26-29 参照

次の各問いに答えよ。

(1) 原子の構造に関する以下の文について，正しい場合は○，間違っている場合は×を記入せよ。

　ア　陽子は＋の電荷をもち，中性子は－の電荷をもっている。

　イ　陽子と中性子は原子核にあり，そのまわりに電子がある。

　ウ　陽子と電子の数は等しい。

(2) 次の物質の陽子と電子と中性子の数を答えよ。

　ア　$^{1}_{1}H$　　イ　$^{12}_{6}C$　　ウ　$^{56}_{26}Fe$

思考 (3) 次の物質はどのような化学結合をしているか。〔結合の種類〕から適するものを選び番号で記入せよ。

　ア　塩化カリウム（KCl）　　イ　二酸化炭素（CO_2）

〔結合の種類〕

　①　金属結合　　②　イオン結合　　③　共有結合

2　生活の中のさまざまな物質

◆教科書 p.30-45 参照

次の各問いに答えよ。

(1) 金属とプラスチックの性質を比較した次の表の（　）内に適する語句を記入せよ。

	熱	かたさ	電気
金属	（ 1 ）	（ 3 ）	（ 5 ）
プラスチック	（ 2 ）	（ 4 ）	（ 6 ）

(2) 次の用途に使われるものとして最も適当なものを〔語群〕から選び記号で記入せよ。

　ア　スマートフォンのディスプレイ

　イ　簡易食器

　ウ　100 円硬貨

　エ　レンズなどの光学用器具

　オ　1 円硬貨

〔語群〕　①　白銅　　②　青銅　　③　ポリスチレン　　④　鉄

　　　　⑤　導電性プラスチック　　⑥　ガラス　　⑦　銅

　　　　⑧　アルミニウム　　⑨　ファインセラミックス

1

(1) ア（　）
　イ（　）ウ（　）
(2)

ア陽子（　）個
　電子（　）個
　中性子（　）個
イ陽子（　）個
　電子（　）個
　中性子（　）個
ウ陽子（　）個
　電子（　）個
　中性子（　）個

(3) ア（　）イ（　）

2

Hint

(2)質量数は陽子と中性子の数の和，原子番号は陽子の数

(3)イオン結合は金属元素と非金属元素の結合

(1)

1 _____

2 _____

3 _____

4 _____

5 _____

6 _____

(2) ア（　）
　イ（　）ウ（　）
　エ（　）オ（　）

Hint

白銅や青銅は合金，導電性プラスチックは機能性高分子化合物

1 衣食にかかわるさまざまな物質

2節　食品と衣料

学習日　／

◆教科書 p.48-49

1 食品・衣料をつくる物質

次の文の（　）に適する語句を入れよ。また，{　}の中の正しい方を選べ。

炭素を含む物質のことを{¹ 有機 ， 無機 }化合物という。食品や衣料に用いられる多くの物質は{¹ 有機 ， 無機 }化合物である。米や肉などの食品，羊毛や木綿，ポリエステルなどの衣料に用いられる繊維は，どれも小さい分子が（² 　　　）してできた大きな分子である高分子化合物であることが多い。

（² 　　　）する小さな分子を（³ 　　　）（モノマー），（² 　　　）してできた高分子化合物を（⁴ 　　　）（ポリマー）ともいう。米，肉，羊毛，木綿といった天然由来の高分子化合物を（⁵ 　　　）といい，ポリエステルのような人工的に合成された高分子化合物を（⁶ 　　　）という。

2 高分子化合物の種類

次の物質はどの種類の高分子化合物か，下の〔語群〕から選び記号で記入せよ。

(1) ペットボトル （　　）
(2) 米 （　　）
(3) 羊毛のセーター （　　）
(4) 牛肉 （　　）
(5) ポリエステルのトレーニングウェア （　　）

〔語 群〕
① 天然高分子化合物　② 合成高分子化合物

3 高分子化合物の構造

下の図は高分子化合物の構造を表している。図中の（　）に適する語句を入れよ。

ア（　　　） イ（　　　） ウ（　　　）

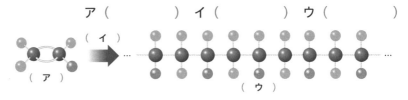

2節　食品と衣料

2 食品にかかわる物質

学習日

◆教科書 p.50-58

重要語句

□栄養素
□炭水化物（糖類）
□タンパク質
□脂質（油脂）
□三大栄養素
□ビタミン
□ミネラル

ビタミン

現在ビタミンは13種類あり，油に溶けやすい脂溶性が4種類（ビタミンA，D，E，Kなど），水に溶けやすい水溶性が9種類（ビタミンB群，Cなど）ある。

1　食品に含まれる栄養素

次の文の（　）に適する語句を入れよ。

食品に含まれる成分のうち，生命を保ち，成長に必要な成分を（1　　　）という。代表的な（1　　　）として，（2　　　）（糖類）・（3　　　）・（4　　　）（油脂）があげられる。これらは（5　　　）といわれ，それぞれにはたらきがある。（5　　　）以外の（1　　　）に，（6　　　）や（7　　　）がある。（6　　　）にはからだのはたらきを円滑に保つ作用がある。（7　　　）には，ナトリウムやカリウム，カルシウム，リンなどがあり，体内の環境維持に役立っている。

2　三大栄養素

三大栄養素について表の（　）に適する語句を下の〔語群〕から選び記号で記入せよ。ただし，（3　）～（5　）は二つ以上の記号が入る。

栄養素	おもな食品	おもなはたらき
炭水化物	（1　　　）	（3　　　）
タンパク質	（2　　　）	（4　　　）
脂質	バター，サラダ油	（5　　　）

〔語群〕

① 肉，魚　　② 米，トウモロコシ，砂糖
③ エネルギーの補給　　④ からだの組織を形成
⑤ からだの機能の調整

3　ビタミン

次のビタミンの〔はたらき〕を下から選び記号で記入せよ。

(1) ビタミンA　　　　　　　　　　　　　　　　（　　　）
(2) ビタミンB₁　　　　　　　　　　　　　　　（　　　）
(3) ビタミンC　　　　　　　　　　　　　　　　（　　　）
(4) ビタミンD　　　　　　　　　　　　　　　　（　　　）

〔はたらき〕

① 視力の調節　　② 皮膚や代謝の調節
③ 骨や歯の成長促進　　④ 糖類の代謝補助

ビタミンのはたらきについて，どれくらい理解できているかな？

重要語句

□炭水化物（糖類）
□デンプン
□グルコース（ブドウ糖）
□重合
□単糖類
□フルクトース
□二糖類
□多糖類
□アミロース
□アミロペクチン
□グリコーゲン
□セルロース
□食物繊維

4　さまざまな炭水化物

次の文の（　）に適する語句を入れよ。

(1)　米や小麦などに含まれる（¹　　　　　）（糖類）は，（²　　　　　）である。（²　　　　　）は，多数の（³　　　　　）（ブドウ糖）が（⁴　　　　　）した高分子化合物である。糖類のうち，それ以上小さな分子の糖に分解できないものを（⁵　　　　　）といい，それには，（³　　　　　）や（⁶　　　　　）などいろいろな種類がある。（⁵　　　　　）が二つつながったものを（⁷　　　　　）といい，多数の（⁵　　　　　）が（⁴　　　　　）したものを（⁸　　　　　）という。

(2)　（⁸　　　　　）の一つである（²　　　　　）は，多数の α-グルコースが重合してできた物質で，直鎖状につながった（⁹　　　　　）と枝分かれが多い（¹⁰　　　　　）の2種類がある。

(3)　（¹¹　　　　　）は，（²　　　　　）と同じく α-グルコースの重合体で，動物の体内に貯蔵されている。（¹²　　　　　）は β-グルコースの重合体で，植物繊維の主成分であり，これらの人間が消化できない多糖類は，（¹³　　　　　）とよばれる。

5　糖類の種類

次の物質の〔糖類の種類〕を下から選び記号で記入せよ。

(1)　フルクトース　　(2)　ラクトース　　(3)　グルコース
(4)　ガラクトース　　(5)　スクロース

(1)（　　）　(2)（　　）　(3)（　　）　(4)（　　）　(5)（　　）

〔糖類の種類〕

①　単糖類　　②　二糖類

6　グリコーゲン

(1)　グリコーゲンがヒトの体内で最も多く存在する〔場所〕を下から選び記号で記入せよ。　　　　　　　　　　（　　）

〔場所〕

①　腎臓　　②　肝臓　　③　心臓　　④　筋肉　　⑤　大腸

(2)　グリコーゲンは分解されるとどのような〔物質〕になるかを下から選び記号で記入せよ。　　　　　　　　（　　）

〔物質〕

①　グルコース　　②　フルクトース　　③　セルロース

炭水化物の語源

炭水化物は化学式で書くと炭素と水が結合したように見えるためこの名前となった。かつては含水炭素とよばれていた。

重要語句

□アミノ酸
□必須アミノ酸
□タンパク質
□ペプチド結合
□単純タンパク質
□複合タンパク質
□変性
□ビウレット反応
□キサントプロテイン反応

体内のタンパク質

ヒトのからだをつくるタンパク質は10万種類に及ぶといわれている。たとえば，皮膚や骨はコラーゲン，髪の毛や爪はケラチン，筋肉はミオシンやアクチンというタンパク質からできている。

タンパク質の検出反応について，自分で説明できるかな？

7　ヨウ素デンプン反応

次のデンプンはヨウ素デンプン反応で何色を示すか，（　）内に色名を記入せよ。

(1)　アミロース　　　　　　　　　　　　　　　　　（　　　）色

(2)　アミロペクチン　　　　　　　　　　　　　　　（　　　）色

8　タンパク質

次の文の（　）に適する語句を入れよ。

(1)　分子中にアミノ基（− NH$_2$）とカルボキシ基（− COOH）をもつ化合物を（^{1}　　　　　　）という。（^{1}　　　　　　）には，体内で合成できないなどのため，栄養分として食品からとり入れる必要のあるものがあり，これらを（^{2}　　　　　　）という。

(2)　（^{3}　　　　　　）は，何種類ものα-アミノ酸が数多く結合したものである。（^{1}　　　　　　）どうしが結合する際には，アミノ基とカルボキシ基のあいだで水分子がとれ，（^{4}　　　　　　）とよばれる結合が生じる。分解されて，（^{1}　　　　　　）だけを生じる（^{3}　　　　　　）を（^{5}　　　　　　）という。また，分解されると（^{1}　　　　　　）以外の物質も生じる（^{3}　　　　　　）もあり，それらを（^{6}　　　　　　）という。

(3)　（^{3}　　　　　　）は複雑な構造をもち，加熱されたり，酸，鉄イオンや銅イオンなどの金属イオン，アルコールなどの化学物質に触れたりすると，その立体的な構造が変化する。これを（^{3}　　　　　　）の（^{7}　　　　　　）という。

9　タンパク質の検出反応

次のタンパク質の検出反応の〔説明〕を下から選び記号で記入せよ。

ア　ビウレット反応　　　　　　　　　　　　　　　（　　　）

イ　キサントプロテイン反応　　　　　　　　　　　（　　　）

〔説明〕

①　水酸化ナトリウム水溶液と少量の硫酸銅（Ⅱ）水溶液を加えると赤紫色になる。

②　水酸化ナトリウム水溶液を加え，加熱しながらかき混ぜ，塩化ナトリウム水溶液を加え，ろ過すると白いかたまりとなる。

③　濃硝酸を加えて加熱すると黄色になり，冷却してアルカリ性にすると橙黄色になる。

脂肪酸

飽和脂肪酸はラードや肉の脂身などに含まれており，一般的に動物性である。また，不飽和脂肪酸はごま油や菜種油，魚油などに含まれており，一般的に植物性や魚介類由来である。

10　さまざまな脂質

次の文の（　）に適する語句を入れよ。

　代表的な脂質の一つに（¹　　　　　）がある。常温で固体の（¹　　　　　）は（²　　　　　）とよばれ，牛脂（ヘット）やバターなど，動物性のものが多い。また，常温で液体の（¹　　　　　）は（³　　　　　）とよばれ，ごま油や菜種油など，植物性のものが多い。

　食品中の（¹　　　　　）の多くは，酵素の作用や水によって（⁴　　　　　）とモノグリセリドに分解される。油脂１分子は，（⁵　　　　）１分子と（⁴　　　　　）３分子からできている。（⁴　　　　　）の中に（⁶　　　　　）がある場合は（⁷　　　　　）とよばれ，（⁶　　　　　）がなければ（⁸　　　　　）とよばれる。

11　油脂の構造

次の図は油脂の構造を表している。ア，イに適する語句を記入せよ。

ア（　　　　　　　　　）
イ（　　　　　　　　　）

12　油脂のけん化

次の各問いに答えよ。

(1)　油脂に強いアルカリ性の物質を加えて加熱することによりできる物質を２つと，この反応名を（　）内に記入せよ。

物質：ア（　　　　　）と，イ（　　　　　）のナトリウム塩
反応：ウ（　　　　　）

(2)　次の図は界面活性剤の構造を表している。エ，オに適する語句を記入せよ。

エ（　　　　　）　オ（　　　　）

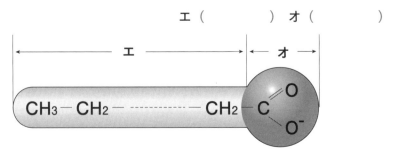

重要語句
□酵素
□失活

13 酵素

次の文の（　）内に適する語句を入れよ。

生物の内部では，デンプンやタンパク質，油脂を分解する反応がすみやかに，しかもおだやかに進行する。これは，化学反応を促進する物質として，（¹　　　　　）がはたらいているからである。

（¹　　　　　）は，最もよく効果が発揮されるpH（最適pH）や温度（最適温度）などの条件が種類ごとに決まっていて，温度などの条件の変化によって変性し，そのはたらきを失う。これを（²　　　　　）という。

14 食物の分解と酵素

次の酵素の〔はたらき〕を下から選び記号で記入せよ。

(1) アミラーゼ 　（　　）　 (2) マルターゼ 　（　　）

(3) セルラーゼ 　（　　）　 (4) セロビアーゼ 　（　　）

(5) ペプシン 　（　　）　 (6) ペプチダーゼ 　（　　）

(7) リパーゼ 　（　　）

〔はたらき〕

① ペプチドをアミノ酸に分解する。

② セルロースをセロビオースに分解する。

③ 油脂を脂肪酸とモノグリセリドに分解する。

④ マルトースをグルコースに分解する。

⑤ セロビオースをグルコースに分解する。

⑥ タンパク質をペプチドに分解する。

⑦ デンプンをマルトースに分解する。

酵素と食物繊維

ヒトは植物繊維の主成分であるセルロースを消化する酵素であるセルラーゼをもっていないため，植物繊維を消化できない。このようなヒトの消化酵素で消化されない難消化性成分の総体を食物繊維という。

酵素の特徴について，どれくらい理解ができているかな？

15 酵素の最適温度

右の図は　酵素や無機触媒によって栄養素が分解される反応の速度と温度の関係を示している。**ア，イ**は〔語群〕のどちらにあてはまるか，適するものを下から選び記号で記入せよ。

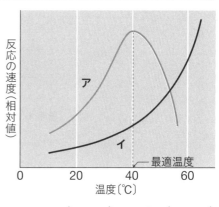

〔語群〕

① 無機触媒 　② 酵素　　　ア（　　）　イ（　　）

3

2節　食品と衣料
学習日

衣料にかかわる物質

◆教科書 p.60-64

重要語句

□植物繊維
□動物繊維
□木綿
□麻
□羊毛
□絹

カシミヤ

天然繊維は，植物であるワタ，アマ，動物であるヒツジ，カイコガ以外の植物や動物からもつくられている。たとえば，ヤギの体毛からつくられる繊維はカシミヤとよばれている。

1　さまざまな天然繊維

次の文の（　）に適する語句を入れよ。

天然繊維には，植物由来の繊維である（¹　　　　）と，動物由来の繊維である（²　　　　）がある。

（¹　　　　）には（³　　　　）や（⁴　　　　）があり，（²　　　　）には（⁵　　　　）や（⁶　　　　）がある。

2　天然繊維の特徴

次の天然繊維の〔**特徴や用途**〕を下から選び記号で記入せよ。

ア　木綿　　　　　　　　　　　　　　　　　　　（　　　）

イ　麻　　　　　　　　　　　　　　　　　　　　（　　　）

ウ　羊毛　　　　　　　　　　　　　　　　　　　（　　　）

エ　絹　　　　　　　　　　　　　　　　　　　　（　　　）

〔特徴や用途〕

①　保温性や伸縮性に優れていてセーターなどに用いられる。

②　吸湿性に優れ水にも強い。Ｔシャツやワイシャツに用いられる。

③　光沢があり，肌触りがよい。織物や肌着などに用いられる。

④　吸湿性・放湿性に優れており，夏用の衣料などに用いられる。

3　天然繊維の原料

天然繊維の原料について（　）に適する〔原料〕を下から選び記号で記入せよ。

天然繊維	原料
木綿	(¹　　　　)
麻	(²　　　　)
羊毛	ヒツジの体毛
絹	(³　　　　)

〔原料〕

①　カイコガのまゆ

②　アマの茎

③　ワタの果実

重 要 語 句

□合成繊維
□単量体(モノマー)
□重合
□重合体(ポリマー)
□付加重合
□縮合重合
□ナイロン
□ポリエステル
□アクリル繊維

4 ざまざまな合成繊維

次の文の（ ）内に適する語句を入れよ。

化学繊維は，人工的に合成した繊維で，おもな化学繊維に
(^{1}) がある。

(^{1}) は，石油からとり出した小さな分子(^{2})
が (^{3}) してできた高分子化合物(^{4}) を糸状に
引き延ばしてつくられるため，繊維の向きがそろっている。

高分子化合物をつくる反応である (^{3}) には，大きくわ
けて二つある。二重結合をもっている (^{2}) が，二重結合を
開きながら，次々と結合していく(^{5}) と，分子のあいだ
から小さい分子がとれて次々と結合していく(^{6}) がある。

5 合成繊維の特徴

次の**ア**～**ウ**の合成繊維の化学的特徴，合成繊維としての特徴，用途
について，下(1)～(3)の各問いに答えよ。

ア ナイロン

イ ポリエステル

ウ アクリル繊維

(1) 原料や構造など〔**化学的な特徴**〕を下から選び記号で記入せよ。

① 原料はテレフタル酸とエチレングリコールで，単量体がエス
テル結合によって重合している。

② アクリロニトリルが付加重合している。

③ 原料はアジピン酸とヘキサメチレンジアミンで，単量体がア
ミド結合によって重合している。

ア ( ) **イ** ( ) **ウ** ( )

(2) 〔**合成繊維としての特徴**〕を下から選び記号で記入せよ。

① 吸湿性がほとんどなく，じょうぶで引っ張り力に強い。

② 絹のようにしなやかで光沢があり，じょうぶで軽い。

③ 保温性があり，軽くてやわらかい。

ア ( ) **イ** ( ) **ウ** ( )

(3) 〔**用途**〕を下から選び記号で記入せよ。

① ストッキングや雨具など

② 制服など

③ セーターなど

ア ( ) **イ** ( ) **ウ** ( )

2章

世界初の合成繊維

世界初の合成繊維は
1935年にアメリカ
のデュポン社で研究
していたカロザース
によって発明された
ナイロン66である。

合成繊維について，
学んだことをいかし
て解いてみよう！

重要語句
□半合成繊維
□再生繊維

6 　半合成繊維と再生繊維

次の文の（　）に適する語句を入れよ。

セルロースなどの天然繊維を化学的に処理して部分的に変化させてから，糸にしたものを（¹　　　　　）という。

また，セルロースを主成分とするパルプを化学薬品に溶かして溶液にした後，再び繊維につくりあげたものを（²　　　　　）という。

7 　半合成繊維と再生繊維の特徴

次の繊維の〔特徴や用途〕を下から選び記号で記入せよ。

(1) レーヨン　　　　　　　　　　　　　　　　　　　（　　　）

(2) アセテート　　　　　　　　　　　　　　　　　　（　　　）

〔特徴や用途〕

① 化学繊維のなかでもっとも吸湿性が高い。タオルやワイシャツ，ブラウスや裏地などに用いられる。

② しわになりにくく，肌触りがよい。吸湿性もよく，女性用のスカーフや下着に用いられる。

8 　半合成繊維と再生繊維の原料

次の繊維の原料について（　）に適する語句を入れよ。

繊維	原　料
半合成繊維	（¹　　　　　）などの天然繊維を化学的に処理して部分的に変化させてから糸にしたもの。
再生繊維	（¹　　　　　）を主成分とする（²　　　　　）を化学薬品に溶かして溶液にしたあと，再び繊維につくりあげたもの。

9 　再生繊維

次の文の（　）に適する語句を入れよ。また，｛　｝の中の正しい方を選べ。

再生繊維には，ビスコースレーヨンと（¹　　　　　　）がある。どちらも原料は（²　　　　　）だが，溶かす薬品が異なり，できた製品の肌触りの違いから用途がわけられる。ビスコースレーヨンは吸水性が｛³ 高く ， 低く ｝，タオルやワイシャツ，カーテンなどに用いられる。（¹　　　　　）は（⁴　　　　　）ともよばれ，｛⁵ 厚地 ， 薄地 ｝で肌触りがよく，ブラウスなどに用いられる。

パルプ

製材工場などで材木を加工したときに出る端材や間伐材などをチップにしたものを原料にして，そこからとり出したセルロース繊維の集合体のこと。紙の原料として使われることが多い。

節末問題	◆教科書 p.48-64	理解度Check!

まだまだ　もう少し　まあまあ　ばっちり

学習日 ／

2節　食品と衣料

1　いろいろな栄養素

◆教科書 p.51-57 参照

次の各問いに答えよ。

(1) 栄養素に関する以下の文について，正しい場合には○，誤っている場合には×を記入せよ。

① ビタミンやミネラルは体内でつくり出すことができない。

② グリコーゲンは腎臓に存在しており，分解されてグルコースとなり，エネルギー源となる。

③ ヒトが生きていくために必要なアミノ酸を必須アミノ酸という。

④ 常温で固体の油脂は脂肪，液体の油脂は脂肪油とよばれる。

 (2) 次の化学的な特徴をもっている〔栄養素〕を下から選び記号で記入せよ。

ア　ペプチド結合

イ　炭素どうしの二重結合

ウ　β-グルコースの重合体

〔栄養素〕

① 不飽和脂肪酸

② セルロース

③ タンパク質

1

(1)

①
_____

②
_____

③
_____

④
_____

(2)

ア
_____

イ
_____

ウ
_____

🔍 **Hint**

セルロースは植物繊維の主成分で炭水化物の一種である。

2　いろいろな繊維

◆教科書 p.60-64 参照

次の文が説明している〔繊維の名称〕を下から選び記号で記入せよ。

ア　天然繊維でヒドロキシ基をもつセルロースが主成分である。

イ　単量体がエステル結合によって重合している。

ウ　パルプを化学薬品に溶かしたあとに繊維にしたものである。

エ　化学繊維で単量体がアミド結合によって重合している。

オ　セリシンとフィブロインという2種のタンパク質からできている。

〔繊維の名称〕

① 絹　　　② ポリエステル

③ 木綿　　④ ナイロン

⑤ レーヨン

2

ア
_____

イ
_____

ウ
_____

エ
_____

オ
_____

🔍 **Hint**

レーヨンは再生繊維であり，ビスコースレーヨンと銅アンモニアレーヨンがある。

1節　ヒトの生命現象

1 私たちの生活環境と眼

学習日

◆教科書 p.70-75

重要語句

□体内時計
□角膜
□水晶体
□網膜
□視細胞
□視神経
□視覚
□桿体細胞
□錐体細胞

視細胞

私たちは明るいところでは色を識別することができるが，暗闇では光があるかどうかしかわからない。これは錐体細胞がはたらいているか，桿体細胞がはたらいているかの違いと考えられる。

1 体内時計

次の文の（　）に適する語句を下の〔語群〕から選び記号で記入せよ。

　起床と睡眠，空腹やホルモンの分泌など，私たちの生命現象は約1日の周期で変動する。この生命現象のリズムは（¹　　　）とよばれ，（²　　　）によって調整されている。（³　　　）を通して脳に伝えられる光の刺激は，（²　　　）の周期を昼と夜という明暗のリズムと合わせるうえで，大きな役割をはたしている。そのため，季節によって（⁴　　　）の長さが大きく変化したり，（⁵　　　）が十分でない天気が続いたりした場合，気分や（⁶　　　）に影響を及ぼすことがある。

〔語群〕

① 昼夜　　② 体内時計　　③ 体調
④ 概日リズム　　⑤ 日照　　⑥ 眼

2 ヒトの眼の構造

次の図は眼の構造を表している。図中のア～オに適する語句を入れよ。

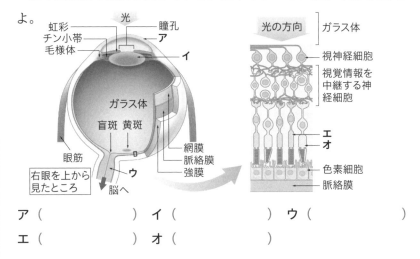

ア（　　　　）　イ（　　　　）　ウ（　　　　）
エ（　　　　）　オ（　　　　）

3 視細胞

桿体細胞と錐体細胞の説明をそれぞれ下から選び，記号で記入せよ。

桿体細胞（　　），錐体細胞（　　）

① 強い光でないと受容できず，赤緑青の3種類がある。

② 弱い光でも受容できるが，明暗しかわからない。

重要語句

□明順応
□暗順応
□盲斑
□錯視

4　ヒトの眼の特徴

次の文の（　）に適する語句を入れよ。

ヒトの眼では，遠くの対象を見るときは水晶体が（¹　　　　　）なり，近くの対象を見るときは水晶体が（²　　　　　）なる。このように，水晶体の（³　　　　　）を変えることで，手元から遠くまで，鮮明に対象物を見ることができる。

私たちの生活環境は，明るさの変化が大きい。暗いところから明るいところへ移動したときに，視細胞の感度の変化によって明るさに眼がなれることを（⁴　　　　　），明るいところから暗いところへ移動したときに，暗さに眼がなれることを（⁵　　　　　）という。

視細胞が感じている光の刺激は，（⁶　　　　　）を介して脳に伝えられ，脳で視覚が発生する。（⁶　　　　　）は束になって網膜の内側から外へ出ていく。この部分は（⁷　　　　　）とよばれ，視細胞がないため，光を受容できない。

実際と違う見え方になってしまう現象を（⁸　　　　　）といい私たちの日常生活の中で，あまり気づかれないが，しばしば起こっている。

5　遠近調節

ヒトの眼で，遠くの対象を見るとき，表に示す眼の各部分の変化について，下の〔語群〕から選び記号で記入せよ。

毛様体筋	チン小帯	水晶体
（　　　）	（　　　）	（　　　）

〔語群〕

ア　緊張する　　イ　弛緩する　　ウ　厚くなる　　エ　薄くなる

6　光量調節

明るくなったとき，どのようにして光量を調節しているのか。虹彩と瞳孔の変化について下の〔語群〕から選び記号で記入せよ。

ア　虹彩　　　　　　　　　　　　　　　　　　　　　（　　　）

イ　瞳孔　　　　　　　　　　　　　　　　　　　　　（　　　）

〔語群〕

①　放射状の筋肉の収縮

②　環状に走る筋肉の収縮

③　拡大　　④　縮小

老眼

老化すると水晶体はかたくなる。その結果，ピントを調整する力が衰えるため近くが見にくくなる。

眼の遠近調節について，どれくらい理解できているかな？

2 ヒトの生命活動と健康の維持

1節　ヒトの生命現象

学習日

◆教科書 p.76-81

1　血液の成分

次の文の（　）に適する語句を入れよ。

血液には，（¹　　　　　）や（²　　　　　）などの血球が含まれている。（¹　　　　　）には，酸素を運ぶはたらきがある。（²　　　　　）には，体内に侵入した病原体の排除，（³　　　　　）には止血などのからだを守るはたらきがある。血液の血球以外の部分を（⁴　　　　　）という。（⁴　　　　　）には，細胞のエネルギー源となるグルコースや，細胞間での情報伝達にかかわるホルモン，体内に侵入した病原体を捉える抗体などが含まれている。

2　血液の成分の形状

下の表は血液の成分の形状を示したものである。名称とはたらきについて，（　）に適する語句を下の〔語群〕から選び記号で記入せよ。

名称	形状	はたらき
ア（　　　）	不定形	オ（　　　）
イ（　　　）	液体	カ（　　　）
ウ（　　　）	円盤状	キ（　　　）
エ（　　　）	不定形，球形	ク（　　　）

〔名称〕

① 赤血球　　② 白血球　　③ 血小板　　④ 血しょう

〔はたらき〕

⑤ 栄養分，老廃物の運搬　　⑥ 免疫　　⑦ 酸素の運搬

⑧ 血液凝固

血液の成分

血液は有形成分である血球（赤血球，白血球，血小板）が45％，液体成分である血しょうが55％を占める。また，赤血球の中にはタンパク質であるヘモグロビンが含まれている。

3　血糖濃度

次の文の（　）に適する語句を入れよ。

血液中のグルコースを（¹　　　　　）といい，その濃度を（²　　　　　）(血糖値)とよぶ。食事の直後は一時的に（²　　　　　）が高くなるが，それ以外のときの（²　　　　　）はほぼ一定の値に保たれている。食後に（²　　　　　）が高まると，血液中の（³　　　　　）が増加し，やがて（²　　　　　）が一定の値にもどる。

重要語句

□インスリン
□グルカゴン
□糖尿病

---

4 血糖濃度とホルモン

思考 次の図は食後の血糖とホルモンの変化を表している。**ア~ウ**はそれぞれ何を示しているか答えよ。

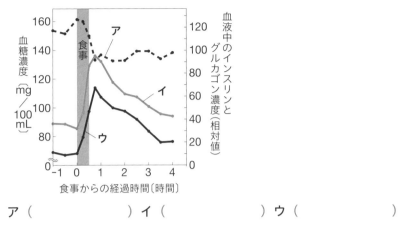

ア（　　　　　　　）イ（　　　　　　　）ウ（　　　　　　　）

---

5 血糖濃度の調節

血糖濃度の調節について**ア~カ**に適する語句を下の各語群から選び，記号で記入せよ。

血糖濃度の状態	ホルモンを分泌するすい臓のランゲルハンス島の細胞	分泌されるホルモン	調節のようす
高いとき	ア（　　　）	ウ（　　　）	オ（　　　）
低いとき	イ（　　　）	エ（　　　）	カ（　　　）

〔細胞〕
　① A細胞　　② B細胞　　③ C細胞

〔ホルモン〕
　④ グルカゴン　　⑤ リパーゼ　　⑥ インスリン

〔調節〕
　⑦ 血糖が細胞内に蓄えられる。
　⑧ 栄養分を分解して血液中に放出する。

ランゲルハンス島

すい臓の中に小さな塊として島状に分布している細胞群。これを発見したドイツの病理学者のパウル・ランゲルハンスの名前から命名された。

血糖濃度の調節について，どれくらい理解ができているかな？

---

6 糖尿病

1型糖尿病と2型糖尿病の説明をそれぞれ下から選び記号で記入せよ。　　　　1型糖尿病（　　　），2型糖尿病（　　　）

① すい臓の細胞にインスリンをつくる能力が失われており，食後のインスリンの血中濃度が低いままで，血糖濃度が低下しない。

② 細胞が血糖をとり込む能力を失っており，食後のインスリンの血中濃度が高まっても，血糖濃度の低下が起こらない。

3章

重要語句

- □ 病原体
- □ 免疫
- □ 炎症
- □ 食作用
- □ 抗体
- □ 抗原
- □ 抗原抗体反応
- □ 記憶細胞

7   生体防御

次の文の（　）に適する語句を入れよ。

体内に侵入する細菌やウイルスのうち，病気の原因になるものを
(¹　　　　　　) という。

私たちのからだには，体内に侵入した (¹　　　　　　) などの異物
を排除するしくみがあり，そのしくみを (²　　　　　　) という。

体内に異物が侵入すると，皮膚が赤く腫れたり，痛みが感じられ
たりする。このような状態を (³　　　　　　) という。(³　　　　　　)
が起こったところには，白血球の一種であるマクロファージや好中球，
樹状細胞などが集まり，体内に入り込んだ異物を細胞内にとり込んで
分解・排除する。このはたらきを (⁴　　　　　　) という。

8   免疫のしくみ

次の図は免疫のしくみを表している。ア～オに適する語句を下の〔語
群〕から選び記号で記入せよ。

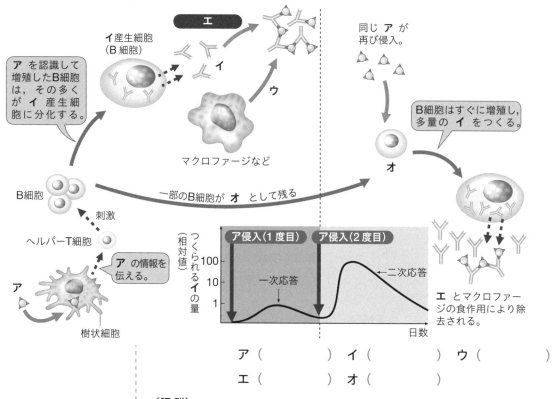

ア（　　　　　　）　イ（　　　　　　）　ウ（　　　　　　）

エ（　　　　　　）　オ（　　　　　　）

〔語群〕

①　食作用　　②　抗体　　③　記憶細胞

④　抗原　　⑤　抗原抗体反応

□二次応答
□予防接種
□ワクチン
□アレルギー
□アレルゲン
□アナフィラキシー
　ショック

9　二次応答

　二次応答に関する次の〔説明文〕について，以下の各問いに答えよ。

〔説明文〕

　抗体のはたらきにより排除された抗原と同じ抗原が体内に侵入したとき，『ある細胞』が強くすみやかに反応して抗原を排除する。

(1)　下線部の『ある細胞』の名称は何か。　（　　　　　　　　）

(2)　このような反応を何というか。　　　　（　　　　　　　　）

(3)　このときつくられる抗体の量は，最初に抗原が侵入したときにつくられた量に比べて多いか，少ないか。（　　　　　　　　）

(4)　このような反応を利用して病気を予防する方法を何というか。また，その病気を予防するときに用いられる抗原を何というか。

　　方法（　　　　　　　　）抗原（　　　　　　　　）

10　ワクチン

　次の文の（　）に適する語句を入れよ。

　感染症の中には，（^{1}　　　　　　）を利用して予防できるものも多い。無毒化した，もしくは毒性を弱めた病原体や毒素などを接種し，あらかじめ体内に（^{2}　　　　　　）細胞をつくらせて病気を予防する方法は，（^{3}　　　　　　）とよばれる。このとき用いられる抗原は（^{4}　　　　　　）とよばれ，多くの病気の予防に用いられている。

いろいろなワクチン

日本で接種可能なワクチンには次のようなものがある。BCG，はしか，インフルエンザ，日本脳炎，おたふくかぜ，狂犬病，新型コロナなど。

11　アレルギー

　次の文の（　）に適する語句を下の〔語群〕から選び記号で記入せよ。

　鶏卵や花粉など，病原体以外のものに含まれる物質を（^{1}　　　　）として認識し，生体に不都合な免疫反応が起こることがある。これを（^{2}　　　　）といい，その原因となる抗原を（^{3}　　　　）という。小麦やそば，エビやカニなどの食物の成分が（^{3}　　　　）となることがある。また，花粉の成分が（^{3}　　　　）となり，（^{4}　　　　）を引き起こすこともある。ダニやハチも（^{3}　　　　）となることもある。激しい（^{2}　　　　）の症状で，急激な血圧低下や意識低下を起こすなど，命にかかわる危険な状態になることを（^{5}　　　　）ショックという。

アレルゲンの種類

アレルゲンはからだへの侵入経路によって，食物性アレルゲン，吸入性アレルゲン，接触性アレルゲンの3種類にわけられる。

〔語群〕

①　アレルギー　　②　アレルゲン　　③　アナフィラキシー

④　抗原　　⑤　抗体　　⑥　花粉症

3　1節　ヒトの生命現象
ヒトの生命現象とDNA

◆教科書 p.82-85

学習日

1　DNA

次の文の（　）に適する語句を入れよ。

私たちの生命現象は，（¹　　　　）に支えられている。生物の
からだの中ではたらく（¹　　　　）にはさまざまな種類があるが，
真核生物の細胞では，核の中にある（²　　　　）に，遺伝子の本
体である（³　　　）という物質が含まれており，（¹　　　　）は，
（³　　　　）の情報をもとにしてつくられている。

（³　　　　）は核酸とよばれる物質の一種で，たくさんの
（⁴　　　）が結合してできた鎖状の分子である。（⁴　　　　）
とは，糖と（⁵　　　　），（⁶　　　　）が一つずつ結合してでき
た分子である。

2　DNA の構造

DNA の構造に関する次の文と図について，ア～オにあてはまる語
句を下の〔語群〕から選び記号で記入せよ。

DNA は図のように，2本の鎖で構成されており，鎖どうしは，塩
基の部分で結びついている。このように，向かい合った塩基の組合せ
が決まっている性質をア（　　　　）という。2本の鎖は，互いに
巻きつくような形になっており，イ（　　　　）構造とよばれる。

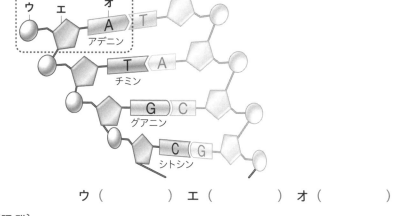

ウ（　　　）エ（　　　）オ（　　　）

〔語群〕
① デオキシリボース　② 塩基　③ リン酸
④ 二重らせん　⑤ 塩基の相補性

重要語句

□ RNA
□転写
□ mRNA
□翻訳
□遺伝子の発現

3　遺伝子の発現

次の文の（　）に適する語句を入れよ。

細胞の核の中では，DNAの情報をもとにして（¹　　　）が合成される。DNAから（¹　　　）がつくられる過程を（²　　　）といい，このようにしてできた（¹　　　）を（³　　　）という。

転写によってつくられた（³　　　）をもとにして特定のアミノ酸が並び，隣り合ったアミノ酸どうしが次々と結合していくと，タンパク質ができる。このように，（³　　　）からタンパク質がつくられる過程を（⁴　　　）という。

遺伝子をもとに（¹　　　）やタンパク質がつくられることを（⁵　　　）という。

4　RNA

RNAや遺伝子に関する下の①〜④の文について，正しいものを一つ選び記号で答えよ。

（　　　）

① mRNAの塩基一つがアミノ酸一つと対応している。

② RNAは核酸の一種である。

③ 遺伝情報が翻訳されたのちに転写されることを遺伝子の発現という。

④ DNAからタンパク質がつくられる過程を転写という。

5　RNAとDNA

RNAワールド仮説

原始の地球で，初期の生命の遺伝情報などを担っていたのは，DNAではなくRNAだという考え方。最近はRNAがさまざまな生命現象にかかわっていることがわかってきている。

（思考）DNAのみの説明，RNAのみの説明，それら両方にあてはまる説明をそれぞれ下の説明文からすべて選び記号で記入せよ。

DNAのみの説明文　（　　　）

RNAのみの説明文　（　　　）

両方にあてはまる説明文（　　　）

① 二重らせん構造をもつ。

② リン酸をもつ。

③ リボースをもつ。

④ ウラシルをもつ。

⑤ ヌクレオチドがつながったものである。

⑥ 染色体の成分である。

1節　ヒトの生命現象

1　眼の調節

◆教科書 p.72 参照

眼の調節機能に関する次の表の**ア〜ウ**にあてはまる語句を下から選び記号で記入せよ。

近くのものを見るとき	焦点が合う距離を変えるため	水晶体が（**ア**）くなる
暗くなったとき	瞳孔に入る光の量を（**イ**）ため	瞳孔が（**ウ**）くなる

〔語群〕

①　薄　②　厚　③　増やす　④　減らす　⑤　大き　⑥　小さ

1

ア _____

イ _____

ウ _____

Hint

何のために水晶体や瞳孔が変化するのかを考える。

思考 2　血糖濃度の調節

◆教科書 p.77-78 参照

血糖濃度とホルモンの関係について次の①〜③から正しいものを選び，記号で答えよ。

①　血糖濃度の減少により，グルカゴンが増加し，血糖濃度が上がる。

②　インスリンの減少により，血糖濃度が上昇し，インスリンが増える。

③　グルカゴンの増加により，血糖濃度が低下し，グルカゴンが減る。

2 _____

Hint

どのホルモンが血糖濃度をどのように変化させるのか。

3　免疫

◆教科書 p.79-80 参照

抗原抗体反応において，二次応答の説明に適するものを選べ。

①　ヘルパー T 細胞や B 細胞の一部が記憶細胞となっており，同じ抗原が再び侵入したときはすみやかに反応する。

②　ヘルパー T 細胞によって刺激された B 細胞が増殖し，抗原の種類にあった抗体をつくり放出する。

3 _____

Hint

ヘルパー T 細胞と B 細胞の役割に注目する。

思考 4　RNA

◆教科書 p.84-85 参照

次の文の下線部について，正しい場合は○，誤っている場合は正しい語句を記入せよ。

①　DNA から RNA がつくられる過程を翻訳という。

②　遺伝子の発現の過程で mRNA がつくられる。

③　mRNA は二つの塩基の並びで一つのアミノ酸を指定する。

④　RNA を構成する糖はデオキシリボースである。

4

①　_____　②　_____

③　_____　④　_____

Hint

RNA は核酸の一種で，ヌクレオチドがつながってできている。

① いろいろな微生物

2節　微生物とその利用

学習日

◆教科書 p.88-93

重要語句

□微生物
□細菌
□単細胞生物
□原核細胞
□真核細胞
□原生生物
□常在菌

1　いろいろな微生物①

次の文の（　）に適する語句を入れよ。また，{　}の中の正しい方を選べ。

肉眼では観察できない微小な生物を総称して（¹　　　）という。代表的な（¹　　　）である（²　　　）（バクテリア）は，通常直径 1 µm くらいの{³　単細胞生物　，　多細胞生物　}である。

植物や動物の細胞とは異なり，核をもたない細胞を（⁴　　　）といい，（⁴　　　）でできている生物を原核生物という。

カビやキノコのなかまである菌類も（¹　　　）である。菌類の細胞は核をもつ（⁵　　　）でできている。からだが（⁵　　　）でできている生物を真核生物という。水中の微生物であるゾウリムシやミドリムシなどは（⁶　　　）のなかまである。

2　いろいろな微生物②

次の微生物はどの生物に〔分類〕されるかを下から選び記号で記入せよ。

(1)　ゾウリムシ　　　　　　　　　　　　　　　（　　）
(2)　大腸菌　　　　　　　　　　　　　　　　　（　　）
(3)　酵母　　　　　　　　　　　　　　　　　　（　　）

〔分類〕　①　原核生物　　②　菌類　　③　原生生物

3　ヒトの常在菌

次の常在菌の〔特徴〕を下から選び記号で記入せよ。

ア　アクネ菌　　　　　　　　　　　　　　　　（　　）
イ　ビフィズス菌　　　　　　　　　　　　　　（　　）
ウ　ミュータンス菌　　　　　　　　　　　　　（　　）
エ　ウェルシュ菌　　　　　　　　　　　　　　（　　）

〔特徴〕
①　腸内のタンパク質を腐敗させるなどの害を与える有害菌である。
②　腸内環境を安定に保つ役割をはたしている有益菌である。
③　口腔内の常在菌で虫歯の原因菌である。
④　皮脂膜をつくり皮膚を保護しているがニキビの原因にもなる。

腸内フローラ

私たちの腸の中には約 1000 種 100 兆個の細菌が生息していて，バランスをとりながら腸内環境を保っている。この細菌が密集している状態がお花畑のように見えることから「腸内フローラ」とよばれるようになった。

4　微生物の発見

次の文の（　）に適する語句を入れよ。

17世紀オランダのレーウェンフックは，自分でレンズを磨き，単純な構造の（¹　　　　　）を自作し，水中にいる微生物や植物の種子など身のまわりのものを観察・記録した。そして，初めて（²　　　　　）の存在を明らかにした。

当時，（²　　　　　）は自然に発生するという考えが主流であったが，（³　　　　　）は口の部分を曲げたフラスコの実験を通して「（²　　　　　）はすでに存在する（²　　　　　）から発生する」ということを明らかにした。

5　パスツールの実験

次の図はパスツールが行った実験を示している。下の各問いに答えよ。

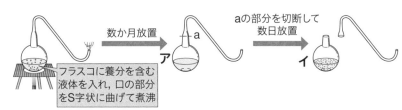

数か月放置　　　　　　　　aの部分を切断して数日放置

フラスコに養分を含む液体を入れ，口の部分をS字状に曲げて煮沸

ア　　　　　　イ

(1)　図のア，イのフラスコの中の〔液体のようす〕を下から選びそれぞれ記号で記入せよ。

アのフラスコの中の液体のようす（　　　）

イのフラスコの中の液体のようす（　　　）

〔液体のようす〕

①　微生物が発生した。

②　微生物は発生しない。

(2)　フラスコの中の液体が(1)のようなようすになる〔理由〕を下から選びそれぞれ記号で記入せよ。

アのフラスコのようなようすになる理由（　　　）

イのフラスコのようなようすになる理由（　　　）

〔理由〕

①　液体の中で微生物が自然に発生したため。

②　液体の中に微生物が存在せず外から入ることもなかったため。

③　液体の中の養分がすべて分解されてなくなったため。

④　液体の中に空気中の微生物が入ってきたため。

白鳥の首のフラスコ

パスツールが使ったフラスコは口の部分が曲がりくねっており，「白鳥の首のフラスコ」とよばれている。

パスツールの実験について，自分で説明できるかな。

2節　微生物とその利用

2 微生物の利用

◆教科書 p.94-99

学習日 ／

◆教科書 p.94-99

重要語句

☐呼吸
☐発酵
☐乳酸発酵
☐アルコール発酵

1　発酵

次の文の（　）に適する語句を入れよ。

多くの生物が，酸素の存在下で，糖類などの有機化合物を二酸化炭素と水に分解するときにエネルギーをとり出す（¹　　　　　）を行う。

一方，微生物が，酸素を利用しないで糖類などの有機化合物を分解する現象を（²　　　　　）という。乳酸菌などの微生物が，糖類を分解して乳酸を生成する（²　　　　　）を（³　　　　　）という。また，酵母などの微生物が，糖類を分解してエタノールと二酸化炭素を生成する（²　　　　　）を（⁴　　　　　）という。

2　呼吸と発酵

次の各問いに答えよ。

(1)　呼吸と発酵について下の表の（　）に適する語句を入れよ。

呼吸	グルコース＋（¹　　　　　）→ 二酸化炭素＋水＋エネルギー
乳酸発酵	グルコース→（²　　　　　）＋エネルギー
アルコール発酵	グルコース→（³　　　　　） ＋（⁴　　　　　）＋エネルギー

醸造

発酵を利用してアルコール飲料をつくることを醸造という。代表例が日本酒やビール，ワインである。

(2)　酵母（イースト）を加えたピザ生地で，冷蔵庫に入れた生地（A）と40℃で保温した生地（B），80℃に加熱した生地（C）について，次の文が正しい場合には○，誤っている場合には×を（　）内に入れよ。

① ふくらみ方に違いはない。 （　　　）

② 生地Bがいちばんふくらむ。 （　　　）

③ 生地Cがいちばんふくらむ。 （　　　）

(3)　次の食品が利用している〔発酵〕を下から選び記号で記入せよ。

ア ピザ （　　　）

イ ヨーグルト （　　　）

ウ チーズ （　　　）

〔発酵〕

① 乳酸発酵 ② アルコール発酵

呼吸，乳酸発酵，アルコール発酵について，自分で説明できるかな。

3 さまざまな発酵食品

次の食品はどの〔微生物〕のはたらきを利用しているか，下から選び記号で記入せよ。

ア	納豆	（	）
イ	ワイン	（	）
ウ	日本酒	（	）
エ	チーズ	（	）
オ	かつおぶし	（	）
カ	漬け物	（	）
キ	みりん	（	）

〔微生物〕

① 細菌　② カビ　③ 酵母　④ 細菌とカビ

⑤ カビと酵母　⑥ 細菌と酵母　⑦ 細菌とカビと酵母

4 腐敗

次の文の（　）に適する語句を入れよ。また，{　}の中の正しい方を選べ。

微生物が，(¹　　　　　)を利用しないでタンパク質などの有機窒素化合物を分解し，有害物質ができる現象を(²　　　　　)とよぶ。微生物にとっては，(³　　　　　)と(²　　　　　)のいずれもが生命活動のためのエネルギーをとり出す営みである。

日常生活では，私たちは食品を保存するため，微生物が生命活動を{⁴ しやすい ， しにくい }状況をつくり出し，(²　　　　　)を防ぐさまざまな工夫をしている。

5 食品の保存

次の食品の〔保存方法の説明〕を下から選び記号で記入せよ。

ア	缶詰	（	）
イ	脱酸素剤・真空パック	（	）
ウ	砂糖漬け・塩漬け・乾燥	（	）
エ	冷凍・冷蔵保存	（	）

〔保存方法の説明〕

① 水分をなくす。　② 微生物が呼吸できないようにする。

③ 化学反応を遅くしたり止めたりする。

④ 空気中の微生物が入らないようにしたあと，加熱・殺菌する。

発酵食品の味

発酵食品は発酵させる場所にいる微生物の種類により味が変わってくる。そのため，同じしょうゆであっても，つくられた蔵独特の風味があり，味わいを楽しむことができる。

科学と人間生活 学習ノート 解答編

実教出版

1章 科学と技術の発展

1 科学と技術の発展
◆教科書 p.8-22

1 1 技術　2 地動説　3 科学
4 科学技術　5 万有引力の法則
6 機械論　7 地球環境

2 ア ③　イ ①　ウ ②　エ ④

> **解説** 自然を数式を使って表すというニュートンにつながる考え方を示したのがガリレオである。

3 ア ③　イ ④　ウ ①　エ ②

> **解説** 1 クラストとは外側を覆っているものという意味。団塊とはかたまりという意味。

4 (1) 窒素, リン, カリウム
(2) ハーバー

5 ア ②　イ ③　ウ ①

2章 物質の科学

1節 材料とその再利用
1 生活の中のさまざまな物質
◆教科書 p.24-29

1 1 金属　2 プラスチック
3 セラミックス　4 合金

2 (1) ア ③　イ ④　ウ ②
エ ①
(2) オ ③　カ ①

> **解説** 原子の大まかな特徴を表すために質量数と原子番号が使われる。そのためこのように表記される。

3 1 原子番号　2 周期律
3 周期表

4 (1) H　(2) C　(3) Mg　(4) K
(5) Fe　(6) Cl　(7) Cu　(8) O

5 (1) ヘリウム　(2) 窒素
(3) ナトリウム　(4) 銀
(5) アルミニウム　(6) ケイ素
(7) 亜鉛

6 ①

> **解説** 同族元素は性質が似ている。

7 1 化学結合　2 陽イオン
3 陰イオン　4 金属結合
5 イオン結合　6 共有結合

8 (1) ②　(2) ③　(3) ①

9 ア 自由電子　イ 共有電子対
ウ 原子価　エ 二重結合

10 ① 4　② 1　③ 3　④ 1

> **解説** 結合する元素が, 金属どうしか, 非金属どうしか, 金属と非金属の組み合わせなのかを考える。

1節 材料とその再利用
2 金属
◆教科書 p.30-35

1 1 合金

2 (1) ○　(2) ×　(3) ○　(4) ×
(5) ×

3 ア ⑥　イ ③　ウ ②　エ ④
オ ①　カ ⑤

> **解説** ジュラルミン, ステンレス鋼, 黄銅は合金である。

4 1 単体　2 酸化物
3 金属製錬　4 鉄鉱石　5 銑鉄
6 鋼　7 黄銅鉱　8 電解精錬
9 電力量　10 アルミナ
11 溶融塩電解　12 缶詰

5 ア ② イ ④ ウ ③ エ ①

解説 鉄の製錬では，まず鉄鉱石を還元して酸素を取り除き，その後，炭素を取り除いて鋼とする。

6 1 イオン 2 化学反応
3 腐食 4 陽イオン
5 イオン化傾向 6 イオン化列
7 3→5→6→2→4→1
8 ④
9 ア ③ イ ② ウ ①

解説 金属の腐食を防ぐために，金属が水や空気に触れないように処理する。

3
1節 材料とその再利用
プラスチック
◆教科書 p.36-42

1 1 高分子化合物
2 合成高分子化合物
3 プラスチック（合成樹脂） 4 合成繊維
5 熱可塑性樹脂 6 熱硬化性樹脂
2 (1) × (2) ○ (3) × (4) ○
(5) ○
3 ア ③ イ ② ウ ④ エ ①

解説 フェノール樹脂，尿素樹脂，メラミン樹脂，アルキド樹脂が熱硬化性樹脂で，それ以外のものが熱可塑性樹脂と覚えておくとよい。

4 1 炭化水素 2 共有 3 共有
4 単量体（モノマーでも可）
5 重合体（ポリマーでも可）
6, 7 付加重合，縮合重合（6, 7は順不同）
5 ア ③ イ ①
6 ポリエチレン ② エチレン ①

解説 単量体はモノマー，重合体はポリマーともよばれる。ポリエチレンのポリとポリマーのポリは同じ意味で，「多」を表す。

---

7 1 廃プラスチック
2 機能性高分子化合物 3 生分解性
4 導電性 5 高吸水性
8 ア ② イ ③ ウ ①
9 (1) × (2) ○ (3) ○

解説 生分解性プラスチックの代表例は乳酸を原料としているポリ乳酸である。

4
1節 材料とその再利用
セラミックス
◆教科書 p.43

1 1 セラミックス 2 無機材料
3 ガラス 4 二酸化ケイ素（SiO_2 も可）
5 陶磁器 6 セメント
7 コンクリート
8 ファインセラミックス（ニューセラミックスでも可）
2 ア ④ イ ② ウ ① エ ③

解説 ファインセラミックスは従来にない新しい機能をもたせたセラミックスであり，広範囲で利用されている。

節末問題 ◆教科書 p.24-46
1節 材料とその利用

1 (1) ア × イ ○ ウ ○
(2) ア 陽子 1，電子 1，中性子 0
イ 陽子 6，電子 6，中性子 6，
ウ 陽子 26，電子 26，中性子 30
(3) ア ② イ ③
2 (1) 1 強い 2 弱い 3 かたい
4 やわらかい 5 通す 6 通さない
(2) ア ⑤ イ ③ ウ ① エ ⑥
オ ⑧

1 — 2節 食品と衣料
衣食にかかわるさまざまな物質
◆教科書 p.48-49

1 1 有機　2 重合
3 単量体　4 重合体
5 天然高分子化合物
6 合成高分子化合物

2 (1) ②　(2) ①　(3) ①　(4) ①
(5) ②

> **解説** 高分子化合物の中で天然由来のものが天然高分子化合物，人工的に合成されたものが合成高分子化合物である。

3 ア　単量体
イ　重合（付加重合でも可）　ウ　重合体

2 — 2節 食品と衣料
食品にかかわる物質
◆教科書 p.50-58

1 1 栄養素　2 炭水化物
3 タンパク質　4 脂質
5 三大栄養素　6 ビタミン
7 ミネラル

2 1 ②　2 ①　3 ③, ④
4 ③, ④, ⑤　5 ③, ④

> **解説** 三大栄養素はからだの中で複数のはたらきをしている。

3 (1) ①　(2) ④　(3) ②　(4) ③

> **解説** ビタミンは微量でからだの機能を調整している。

4 1 炭水化物　2 デンプン
3 グルコース　4 重合（結合でも可）
5 単糖類
6 フルクトース, ガラクトース
7 二糖類　8 多糖類　9 アミロース
10 アミロペクチン　11 グリコーゲン
12 セルロース　13 食物繊維

5 (1) ①　(2) ②　(3) ①　(4) ①

(5) ②

6 (1) ②　(2) ①

7 (1) 青　(2) 赤紫

> **解説** ヨウ素デンプン反応とは，デンプンにヨウ素液をたらすと変色する反応のことであり，青色への変色がよく知られている。

8 1 アミノ酸　2 必須アミノ酸
3 タンパク質　4 ペプチド結合
5 単純タンパク質　6 複合タンパク質
7 変性

9 ア　①　イ　③

> **解説** ビウレット反応もキサントプロテイン反応もタンパク質の水溶液の色が変化する反応である。

10 1 油脂　2 脂肪　3 脂肪油
4 脂肪酸　5 グリセリン
6 二重結合　7 不飽和脂肪酸
8 飽和脂肪酸

11 ア　脂肪酸　イ　グリセリン

12 (1) ア　グリセリン　イ　脂肪酸
ウ　けん化
(2) エ　疎水性　オ　親水性

> **解説** 油脂1分子はグリセリン1分子と脂肪酸3分子からできており，この脂肪酸の中に炭素の二重結合があると不飽和脂肪酸，ないと飽和脂肪酸とよばれる。

13 1 酵素　2 失活

14 (1) ⑦　(2) ④　(3) ②
(4) ⑤　(5) ⑥　(6) ①　(7) ③

15 ア　②　イ　①

> **解説** 反応の速度が速いほど，酵素の効果が出ているといえが，酵素は温度が高くなりすぎると失活し反応しなくなる。

3

3　2節 食品と衣料
衣料にかかわる物質
◆教科書 p.60-64

1 1　植物繊維　　2　動物繊維
3, 4　木綿，麻（3, 4は順不同）
5, 6　羊毛，絹（5, 6は順不同）
2 ア　②　　イ　④　　ウ　①　　エ　③
3 (1)　③　　(2)　②　　(3)　①

解説　天然繊維は植物繊維も動物繊維もヒドロキシ基があるため吸湿性に優れる。羊毛は保温性，絹は光沢が特徴である。

4 1　合成繊維
2　単量体（モノマーでも可）　　3　重合
4　重合体（ポリマーでも可）　　5　付加重合
6　縮合重合
5 (1)　ア　③　　イ　①　　ウ　②
(2)　ア　②　　イ　①　　ウ　③
(3)　ア　①　　イ　②　　ウ　③

解説　カルボキシ基とアミノ基が結合したものがアミド結合，カルボキシ基とヒドロキシ基が結合したものがエステル結合である。ポリエステルのポリは「多」という意味である。

6 1　半合成繊維　　2　再生繊維
7 (1)　①　　(2)　②
8 1　セルロース　　2　パルプ

解説　半合成繊維も再生繊維も植物繊維を化学的に処理して繊維をつくる。

9 1　銅アンモニアレーヨン
2　パルプ　　3　高く　　4　キュプラ
5　薄地

節末問題　◆教科書 p.48-64
2節　食品と衣料

1 (1)　①　○　　②　×　　③　×
④　○
(2)　ア　③　　イ　①　　ウ　②

---

2 ア　③　　イ　②　　ウ　⑤　　エ　④
オ　①

3章　生命の科学

1　1節　ヒトの生命現象
私たちの生活環境と眼
◆教科書 p.70-75

1 1　④　　2　②　　3　⑥　　4　①
5　⑤　　6　③
2 ア　角膜　　イ　水晶体　　ウ　視神経
エ　桿体細胞　　オ　錐体細胞
3 桿体細胞　②　　錐体細胞　①

解説　入ってきた光がレンズ（水晶体）を通って像をつくる流れを追って考える。

4 1　薄く　　2　厚く　　3　厚さ
4　明順応　　5　暗順応　　6　視神経
7　盲斑　　8　錯視
5

毛様体筋	チン小帯	水晶体
イ	ア	エ

解説　遠くのものを見るときは遠くに焦点（ピント）があうように水晶体を薄くする。そのためにまわりの筋肉が動く。

6 虹彩　②　　瞳孔　④

解説　瞳孔に入ってくる光の量を調整するために筋肉（虹彩）が動く。

2　1節　ヒトの生命現象
ヒトの生命活動と健康の維持
◆教科書 p.76-81

1 1　赤血球　　2　白血球
3　血小板　　4　血しょう
2 ア　③　　イ　④　　ウ　①　　エ　②
オ　⑧　　カ　⑤　　キ　⑦　　ク　⑥
3 1　血糖　　2　血糖濃度
3　インスリン

4　ア　グルカゴン　イ　血糖
ウ　インスリン
5　ア　②　イ　①　ウ　⑥　エ　④
オ　⑦　カ　⑧

解説　血糖濃度は変化に対応してそれをもとに
戻す方向で調節機能がはたらく。

6　1型糖尿病　①　　2型糖尿病　②
7　1　病原体　　2　免疫　　3　炎症
4　食作用
8　ア　④　イ　②　ウ　①　エ　⑤
オ　③
9　(1)　記憶細胞　　(2)　二次応答
(3)　多い
(4)　方法：予防接種　　抗原：ワクチン
10　1　二次応答　　2　記憶
3　予防接種　　4　ワクチン
11　1　④　　2　①　　3　②　　4　⑥
5　③

解説　体内に異物が入ってきたときにどの順で
免疫のしくみがはたらくのかを順を追って考え
る。

3　ヒトの生命現象とDNA
◆教科書 p.82-85

1　1　タンパク質　　2　染色体
3　DNA　　4　ヌクレオチド
5, 6　リン酸, 塩基 (5, 6は順不同)
2　ア　⑤　イ　④　ウ　③　エ　①
オ　②

解説　DNAは, どのような部品 (パーツ) がど
のように組み立てられているかを考える。

3　1　RNA　　2　転写
3　mRNA　　4　翻訳　　5　遺伝子の発現
4　②
5　DNA　①, ⑥　　RNA　③, ④
両方　②, ⑤

解説　遺伝子から生命活動の維持までを流れを
追って考える。

節末
問題　1節　ヒトの生命現象　◆教科書 p.70-85

1　ア　②　　イ　③　　ウ　⑤
2　①
3　①
4　①　転写　　②　○　　③　三つ
④　リボース

1　いろいろな微生物
2節　微生物とその利用
◆教科書 p.88-93

1　1　微生物　　2　細菌
3　単細胞生物　　4　原核細胞
5　真核細胞　　6　原生生物
2　(1)　③　(2)　①　(3)　②
3　ア　④　イ　②　ウ　③　エ　①

解説　腸内環境は有益菌と有害菌のバランスで
うまく保たれている。

4　1　顕微鏡　　2　微生物
3　パスツール
5　(1)　ア　②　　イ　①
(2)　ア　②　　イ　④

解説　微生物が自然に発生するという考え方を
自然発生説という。実際にはそのようなことは
起きず, 空気中の微生物が入ってくるかを考え
ればよい。

2　微生物の利用
2節　微生物とその利用
◆教科書 p.94-99

1　1　呼吸　　2　発酵　　3　乳酸発酵
4　アルコール発酵
2　(1)　1　酸素　　2　乳酸

5

3　エタノール　　4　二酸化炭素
(2)　①　×　　②　○　　③　×
(3)　ア　②　　イ　①　　ウ　①

> **解説**　乳酸発酵は乳酸が発生するだけだが，ア
> ルコール発酵ではエタノールと二酸化炭素が発
> 生する。

3　ア　①　　イ　③　　ウ　⑦　　エ　④
オ　②　　カ　⑥　　キ　⑤

> **解説**　発酵食品は1種類の微生物だけでなく，
> 複数の微生物を組み合わせてつくるものも多い。

4　1　酸素　　2　腐敗　　3　発酵
4　しにくい
5　ア　④　　イ　②　　ウ　①　　エ　③
6　1　ペニシリン　　2　放線菌
3　結核　　4　耐性菌
7　ア　④　　イ　①　　ウ　⑤　　エ　③
オ　②

> **解説**　大腸菌には2種類のDNAがあり，環状
> DNAの方にヒトの細胞から切り出した遺伝子を
> 組み込む。そして，培養して回収する。

8　1　④　　2　③　　3　②　　4　①

3
2節　微生物とその利用
生態系での微生物
◆教科書 p.100-105

1　1　生態系　　2　生産者
3　消費者　　4　分解者
2　(1)　ア　⑤　　イ　①　　ウ　③
エ　②　　オ　④
(2)　A　光合成　　B　呼吸　　C　燃焼
(3)　ア　②　　イ　②　　ウ　①　　エ　③

> **解説**　炭素循環では大気中の炭素がどのように
> 動いていくのかを順を追って追いかける。

3　1　無機窒素化合物　　2　食物
3　有機窒素化合物　　4　窒素肥料
5　根粒菌

4　1　微生物　　2　有機化合物
3　水質汚濁
5　(1)　ア　空気　　イ　好気性微生物
ウ　活性汚泥
(2)　②，⑤，⑥

◆教科書 p.88-105
節末問題
2節　微生物とその利用

1　①　○　　②　×　　③　○
④　○
2　②

> **解説**　微生物の特徴として，どの種類に分類さ
> れるのかをまず押さえる。そして，どの場面で，
> どのように利用されているのかを理解する。

3　(1)　ア　③　　イ　④　　ウ　⑤
エ　②　　オ　①
(2)　A　窒素固定　　B　脱窒

4章
光や熱の科学

1
1節　熱の性質とその利用
熱
◆教科書 p.108-113

1　1　0℃　　2　100℃
3　セルシウス温度〔℃〕　　4　熱平衡
5　熱が伝わる　　6　伝導　　7　対流
8　放射
2　(1)　1　イ　　2　ウ　　3　ア
(2)　①　ア　　②　ウ　　③　イ
3　(1)　20℃　　(2)　−25℃　　(3)　25℃

> **解説**　接触している物体の温度は，やがて熱平
> 衡に達して，接触しているもう一つの物体と同
> じ温度になる。

4　1　熱運動　　2　ブラウン運動
3　三態　　4　状態変化　　5　蒸発
6　沸騰　　7　潜熱
5　(1)　1　絶対零度　　2　絶対温度

(2)　ア　351 K　　イ　3135 K　　ウ　234 K

エ　5727℃　　オ　−121℃

解説　ア　78 ＋ 273 ＝ 351

イ　2862 ＋ 273 ＝ 3135

ウ　−39 ＋ 273 ＝ 234

エ　6000 − 273 ＝ 5727

オ　152 − 273 ＝ −121

6　1　熱量　　2　ジュール〔J〕

3　熱容量　　4　ジュール毎ケルビン〔J/K〕

5　比熱

6　ジュール毎グラム毎ケルビン〔J/(g・K)〕

7　熱量の保存

7　(1)　○　　(2)　○　　(3)　×　　(4)　×

8　(1)　4400 J　　(2)　20950 J

(3)　熱容量 80 J/K　　比熱 0.8 J/(g・K)

材質 コンクリート

解説　教科書 p.112 の(2)式と(4)式を参照。

(1)　88 J/K × 50 K ＝ 4400 J

(2)　100 g × 4.19 J/(g・K)×50 K ＝ 20950 J

(3)　$Q = C \times (T_2 - T_1)$ を変形して

$C = \dfrac{Q}{T_2 - T_1} = \dfrac{4000\,\text{J}}{50\,\text{K}} = 80$ （J/K）

$Q = m \times c \times (T_2 - T_1)$ を変形して

$c = \dfrac{Q}{m \times (T_2 - T_1)}$

$= \dfrac{4000\,\text{J}}{100\,\text{g} \times 50\,\text{K}} = 0.8$ （J/(g・K)）

したがって,物体の比熱は 0.8 J/(g・K)となる。比熱がこの数値に近い物体にはコンクリートがある。

2　熱の発生

1節　熱の性質とその利用

◆教科書 p.114-119

1　1　仕事　　2　仕事と熱は等価

3　仕事　　4, 5　F〔N〕, s〔m〕(4, 5 は順不同)

6　エネルギー　　7　ジュール〔J〕

8　運動エネルギー

2　(1)　○　　(2)　×　　(3)　○　　(4)　×

解説　(2)運動エネルギーの大きさは,物体の質量と速さで決まる。(3)仕事は,力と力の方向に動いた距離の積で表される。距離が 0 の場合,力は仕事をしていない。(4)荷物を押していた人は,荷物から仕事をされている。

3　(1)　3 m　　(2)　490 N　　(3)　980 J

解説

(1)　$W = F \times s$ より, $s = \dfrac{W}{F}$ だから,

　　1500 J ÷ 500 N ＝ 3 m

(2)　50 × 9.8 ＝ 490（N）

(3)　50 × 9.8 × 2 ＝ 980（J）

4　1　位置エネルギー

2　力学的エネルギー　　3　位置エネルギー

4　運動エネルギー　　5　力学的エネルギー

6　力学的エネルギー保存の法則

5　①　最大 U　　②　0 J　　③　最大 K

④　最大 U

6　(1)　○　　(2)　×　　(3)　×　　(4)　○

解説　(1)ジェットコースターがもつ力学的エネルギーは,最初に登った地点では全部位置エネルギーであり,途中では力学的エネルギーは一部運動エネルギーになっているので,途中での位置エネルギーは最初にのぼった地点の位置エネルギーより小さい。(2)(3)重力による位置エネルギーは,質量と高さで決まる。

7　1　ジュール熱　　2　$I \times V \times t$

3　電力（消費電力でも可）　　4　仕事率

5　ワット〔W〕

8　1　化学エネルギー　　2　発熱反応

3　吸熱反応　　4　カロリー　　5　1

6　4.2　　7　光エネルギー　　8　可視光線

9　赤外線　　10　紫外線　　11　電磁波

9　ア　②　　イ　⑧

解説　流れる電流は電圧に比例する。120 V で 1800 W とは,100 V で 1500 W になる。

10　⑥

2時間は 3600 秒 × 2 ＝ 7200 秒
消費されたエネルギーは
10［W］× 7200［s］＝ 72000 J

11 (1) 10500000 J   (2) 25℃
(3) 2 A   (4) 3600 J

12 (1) 60000 cal   (2) 252000 J
(3) 840 W   (4) 150 秒

解説 (1) 1000 g × 1 cal/(g・K) × 60 K
(2) 60000 cal × 4.2 J/cal
(3) 252000 J ÷ 300 s ＝ 840 W
(4) $Q = P × t$ より，消費電力と時間とは反比例の関係にある。

---

3 1節 熱の性質とその利用
エネルギー変換と利用
◆教科書 p.120-123

1 1 エネルギー変換   2 得る
3 失う   4 総和
5 エネルギー保存の法則   6 熱機関
7 熱効率

2 ア ③   イ ③   ウ ①

解説 熱効率とは熱機関が高温の物体から得た熱量に対する仕事をした割合のこと。

3 1 熱   2 原子核   3 光
4 化学   5 力学的   6 電気

4 1 ヒートポンプ   2 エアコン
3 コージェネレーションシステム
4 資源枯渇   5 再生可能エネルギー

5 ア ②   イ ④   ウ ⑥   エ ⑤
オ ①

解説 ヒートポンプは，熱機関とは逆の関係になっている。外部から熱機関に仕事をすることで，低温物体から高温物体に熱をくみ上げることができる。

6 ア ①   イ ③   ウ ②   エ ④

節末問題 ◆教科書 p.108-123
1節　熱の性質とその利用

1 (1) イ，エ，オ，カ
(2) 鉄

解説 質量や温度変化が同じとき，比熱が小さい物質ほど，温度上昇のための熱量は小さい。
　　熱量＝質量×比熱×温度変化

2 (1) ウ，カ
(2) ア　−270.3℃　イ　102℃
ウ　85680 J　エ　15 %

解説 ア　−273 + 2.7 = −270.3(℃)
イ　煮込んでいるカレーの中の物体は，熱平衡になっている。
ウ　300 g × 2.04 J/(g・K) × (160−20) K
= 85680 J
エ　540 J ÷ 3600 J × 100 = 15 %

---

1 2節　光の性質とその利用
光
◆教科書 p.128-139

1 1 光源   2 直進性   3 3.0
4 7周半   5 遅く   6 反射
7 反射光   8 入射角   9 反射角
10 反射の法則   11 乱反射

2 1 ①   2 ②   3 ①   4 ②
5 ③

解説 （イ）の光については，鏡1に対しては反射光，鏡2に対しては入射光になる。

3 （ア）

4 1 屈折   2 入射   3 入射角
4 屈折角   5 物質1   6 物質2
7 相対屈折率   8 絶対屈折率
9 屈折率   10 全反射

5 (1) ×   (2) ○   (3) ×   (4) ×
(5) ○

解説 (1)屈折によって，浮き上がったように見える。(3)水中から空気中のように，屈折率の大きな物質から小さな物質に光が進むとき全反射がおこる。(4)相対屈折率は入射角によらず一定値をとる。

6　1　レンズ　　2　凸レンズ
3　凹レンズ　　4　光軸　　5　焦点
6　焦点距離　　7　遠く　　8　上下左右
9　実像　　10　近く　　11　拡大
12　虚像
7　1　正立　　2　虚像　　3　より遠い

解説 物体がよりレンズから遠ざかると，物体から出た光でレンズの中心を通る光の傾きが小さくなる。レンズの焦点のところに物体を置くと，逆向きに延長した2本の光線が平行になり虚像はできなくなる。

8　1　波源　　2　垂直　　3　横波
4　変位　　5　波長　　6　振幅
9　1　700　　2　400　　3　大きい
4　分散　　5　光の三原色
6　色の三原色
10　(1)　×　　(2)　○　　(3)　○　　(4)　×
11　1　同程度以下　　2　散乱
3　自然光　　4　偏光板　　5　偏光
12　(1)　○　　(2)　×　　(3)　×　　(4)　○
(5)　○　　(6)　×

解説 (2)散乱されにくい波長の長い赤色の光が地上に届くから赤く見える。(3)偏光によって，ある特定の光だけを通しているからまぶしさがおさえられる。(6)偏光板を90°傾けると，光は届かなくなる。

13　1　回折　　2　に近づく
3　重ね合わせの原理　　4　独立性
5　干渉　　6　干渉縞
14　1　単色光線　　2　干渉縞
3　外側と内側　　4　干渉
15　(1)　明　　(2)　暗　　(3)　明　　(4)　暗

(5)　明

解説 波を表す曲線どうしが重なっているところが明るく，曲線と曲線のあいだのところが重なっているところは暗くなる。

2 2節　光の性質とその利用
電磁波の利用
◆教科書 p.140-143

1　1　可視光線　　2　長く　　3　短い
4　赤外線　　5　電波　　6　紫外線
7　X線　　8　γ線　　9　電磁波
2　ア　⑦　　イ　⑥　　ウ　⑤
エ　④　　オ　③　　カ　②　　キ　①
3　(1)　×　　(2)　○　　(3)　○　　(4)　×

解説 (1)リモコンに用いられている電磁波は赤外線である。(4)紫外線はエネルギーが大きい電磁波であるので殺菌作用に用いられる。

4　(1)　×　　(2)　○　　(3)　×　　(4)　×
(5)　○　　(6)　×

解説 (1)電子レンジでは，特定の波長の電波を用いる。(3)骨はX線の透過率が小さい。(4)荷物検査にはX線が用いられる。(6)植物の発芽の防止や品種改良には，エネルギーの大きなγ線が用いられる。

5　(1)　④　　(2)　①　　(3)　⑧
(4)　⑤　　(5)　⑩

節末問題 ◆教科書 p.128-143
2節　光の性質とその利用

1　(1)　速い　　(2)　入射角　　(3)　○

9

2 作図

(1)

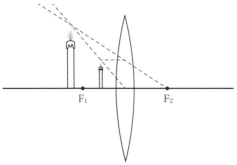

(2)

虫めがねとしての用い方 (2)

3 (1) 回折　(2) ○

(3) 重ね合わせの原理　(4) γ線

5章 宇宙や地球の科学

1節 太陽と地球
1 太陽系の天体と人間生活
◆教科書 p.148-151

1 1 太陽系　2 恒星　3 惑星
4 小惑星　5 公転　6 海王星

2 ア ②　イ ①　ウ ③

解説 冥王星は以前はいちばん外側の惑星とされていたが，半径 1000 km ぐらいで月より小さく惑星とはみなされなくなった。

3 (1) ②，⑤，⑥，⑧
(2) ①，③，④，⑦

4 1 日周運動　2 自転　3 公転
4 恒星　5 自転軸　6 南中高度

5 1 ①　2 ⑧　3 ⑦

解説 地球が1回公転するのに，約365.25日かかる。4年でほぼ1日になるので，4年に1回2月を1日増やして調整している。

6 (1) ①　(2) ⑤　(3) ③　(4) ⑦

1節 太陽と地球
2 潮汐と人間生活
◆教科書 p.152-154

1 1 ①　2 ⑥　3 ⑦
4 ②　5 ⑧　6 ⑨　7 ③
8 ④

2 ①，③

3 1 起潮力　2 潮流
3 海底地形　4 瀬戸内海

解説 月に面した側へ海水が引きよせられて海面がふくらむのと同時に，月と反対側でも海面はふくらむ。そのため，1日に2回満潮，干潮が起こる。

1節 太陽と地球
3 太陽の放射エネルギー
◆教科書 p.156-165

1 1 核融合反応　2 光球
3 6000 K

2 1 ③　2 ⑥　3 ②　4 ④
5 ⑦

3 ① 磁気嵐　②オーロラ
③ フレア

4 1 ③　2 ⑦　3 ①
4 ②　5 ④　6 ⑧　7 ⑥
8 ⑤

5 1 ハビタブルゾーン　2 月

6 (1) ○　(2) ○　(3) ×

7 1 ①　2 ④　3 ⑦　4 ②
5 ⑧　6 ⑤　7 ⑥　8 ③

8 (1) 1 偏西風　2 温帯低気圧
3 ジェット気流　4 飛行機
(2) ②

10

羽田からサンフランシスコへ行くときの飛行時間の平均は 9 時間 30 分ぐらい，サンフランシスコから羽田までは飛行時間の平均は 12 時間ぐらいである。冬はもう少し時間がかかる。

9 ①, ③

10 1 気団　2 シベリア気団

3 西高東低　4 三寒四温

5 オホーツク海気団

6 梅雨前線（停滞前線）

7 小笠原気団　8 台風

11 ア　時期　①，特徴　③

イ　時期　③，特徴　②

ウ　時期　②，特徴　①

解説　年によってオホーツク海気団からの冷涼な風が強く吹くときがあり，それによって東北地方を中心に冷害が起こることがある。

12 1 ②　2 ⑤　3 ①　4 ⑦

5 ⑧　6 ⑥　7 ③　8 ④

13 1 水蒸気　2 降水　3 災害

4 淡水　5 降水量　6 乾燥地帯

7 森林　8 農耕　9 近代産業

節末問題　◆教科書 p.148-165

1節　太陽と地球

1 (1)　1 天球　2 日周運動

3 自転　4 公転　5 24 時間

6 太陽

(2) ア ②　イ ④　ウ ①

エ ③

2 (1) 春④　梅雨⑤　夏②　秋③　冬①

(2) ① 冷害　② 集中豪雨

③ 台風

2節　身近な自然景観と自然災害

1
身近な景観のなりたち
◆教科書 p.168-171

1 1 マグマ　2 火成岩

---

3 堆積岩　4 断層　5 隆起

2 (1)　横ずれ断層　③

(2) 逆断層　①　(3) 正断層　②

3 (1) ×　(2) ○　(3) ○

解説　1995 年 1 月 17 日に発生した兵庫県南部地震においては，震源に最も近い野島断層では，横ずれ断層と逆断層が合わせて起こった。

4 1 岩石　2 風化

3 侵食　4 V字谷

5 1 ⑥　2 ⑤　3 ②　4 ①

解説　住んでいる地域で，侵食作用，風化作用，堆積作用の地形をさがしてみよう。

6 1 ⑤　2 ⑥　3 ④

4 ①　5 ③　6 ②

2節　身近な自然景観と自然災害

2
地球内部のエネルギー
◆教科書 p.172-177

1 1 ③　2 ④　3 ①

4 ⑦　5 ⑥　6 ②　7 ⑤

2 1 中央海嶺　2 プレート境界

3 地殻　4 沈み込む　5 マグマ

3 ① ユーラシアプレート

② 北アメリカプレート

③ 太平洋プレート

④ フィリピン海プレート

4 1 活火山　2 海溝

3 海洋プレート　4 マグマ

5 小さい　6 マグマだまり　7 火道

8 火山フロント（火山前線でも可）

解説　日本がプレートの沈み込んでいるところに位置しているために，日本には温泉が多い。

5 (1) ① 盾状火山　B

② 成層火山　C　③ 溶岩ドーム　A

(2) ア A　イ B

6 1 ②　2 ①　3 ①

4 ⑥　5 ④　6 ⑧　7 ⑦

8　⑤

7　1　マグニチュード

2　1000　　3　地震動　　4　震度

5　小さく　　6　大きく

2節　身近な自然景観と自然災害

3　自然の恵みと自然災害

◆教科書 p.178-184

1　1　⑧　　2　①　　3　③

4　②　　5　⑤　　6　⑥　　7　⑦

8　④

2　1　標高差　　2　傾斜

3　集中豪雨　　4　洪水　　5　平野部

6　増水

3　(1)　○　　(2)　×　　(3)　○

(4)　○　　(5)　×

4　1　ハザード　　2　災害

3　ハザードマップ　　4　地域防災計画

5　減災

5　1　プレート　　2　地殻変動

3　災害　　4　恵み

5　ハザード　　6　リスク

6　1　④　　2　⑥　　3　②

4　⑤　　5　①　　6　③

7　1　国立公園　　2　ジオパーク

3　ユネスコ（（UNESCO も可）

節末問題　◆教科書 p.168-184

2節　身近な自然景観と自然災害

1　(1)　①　侵食作用　　②　運搬作用

③　堆積作用

(2)　①　Ｖ字谷

③　扇状地（三角州，砂州，砂浜でも可）

(3)　①　黒部川

③　広島平野（天橋立でも可）

2　(1)　①　　(2)　③　　(3)　①

3　①，③

6章　これからの科学と人間生活

これからの科学と人間生活

◆教科書 p.190-193

1　1　⑥　　2　②　　3　⑤

4　④　　5　①　　6　③

2　1　炭素化合物

2　地球温暖化　　3　熱帯多雨林

4　二酸化炭素

6　抗生物質

抗生物質について，次の表や文の（　）に適する語句を入れよ。

微生物	抗生物質	治療する病気
アオカビ	（¹　　　　）	肺炎，敗血症
（²　　　　）	ストレプトマイシン	（³　　　　）

現在までにさまざまな抗生物質が発見され医療に利用されているが，抗生物質の効かない（⁴　　　　）が出現し，それに対して人類は（⁴　　　　）に効果のある抗生物質を見つけようとしている。

3章

北里柴三郎

新しい千円札の肖像に採用された北里柴三郎は，破傷風の血清療法（抗体がつくられた別の動物の血清を治療や予防に利用する）を開発し，その後のワクチン治療への道を開いた。

7　遺伝子組換えによるインスリンの生産

次の図は遺伝子組換えによるインスリンの生産を表している。ア〜オにあてはまる語句を下〔語群〕から選び記号で記入せよ。

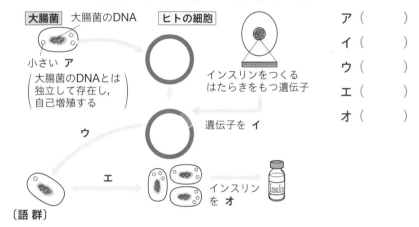

ア（　　）
イ（　　）
ウ（　　）
エ（　　）
オ（　　）

〔語群〕

①　組み込む　　②　回収する　　③　大腸菌を培養して増やす

④　環状DNA　　⑤　大腸菌の中に入れる

8　ワクチン

次の文の（　）に適切な語句を下の〔語群〕から選び記号で記入せよ。

私たちのからだにはさまざまな細菌やウイルスなどの（¹　　　　）（異物）が体内に入ったときに，これを排除する（²　　　　）といういうしくみがある。これを応用し，体内に入ってきた（¹　　　　）をすみやかに排除できるように準備しておくのが（³　　　　）である。（³　　　　）に使われるワクチンは，（⁴　　　　）もしくは毒性を弱めた（¹　　　　）や毒素などを含む製剤である。

〔語群〕

①　無毒化　　②　予防接種　　③　免疫　　④　病原体

ワクチンについて，どれくらい理解できているかな？

3 2節　微生物とその利用
生態系での微生物

学習日　／

◆教科書 p.100-105

□生態系
□生産者
□消費者
□分解者
□炭素循環

1　生態系での微生物

次の文の（　）に適する語句を入れよ。

　ある地域に生活する生物と，それをとりまく光や温度などの非生物的な環境を合わせて（¹　　　　）といい，そこには，植物のように，自ら無機化合物から有機化合物をつくる（²　　　　）と，動物のように，生産者のつくった有機化合物を直接・間接に利用する（³　　　　）がいる。有機化合物は，最終的に無機化合物にまで分解される。その過程にかかわる生物は，（⁴　　　　）とよばれる。

2　炭素循環

次の図は生態系内での炭素循環を示している。下の各問いに答えよ。

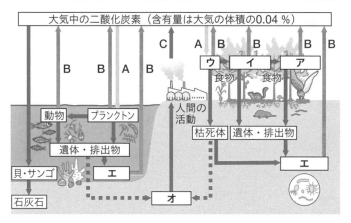

炭素循環と地球温暖化

大昔の生物の遺体などに含まれていた炭素は長い年月をかけて石油や石炭となった。石油や石炭を大量に燃やすと，炭素は，二酸化炭素という形で大気中へ放出される。現在大気中の二酸化炭素の量が増えていて，それが地球温暖化の一因と考えられている。

(1)　ア～オに適切な語句を下の〔語群〕から選び記号で記入せよ。

　　　　　　　　　ア（　　　），イ（　　　），ウ（　　　）
　　　　　　　　　エ（　　　），オ（　　　）

〔語群〕

　①　植物食性動物　　②　菌類・細菌　　③　植物
　④　化石燃料　　⑤　動物食性動物

(2)　A～Cに適する語句を入れよ。

　　　　　　　　　A（　　　）　B（　　　）　C（　　　）

(3)　ア～エの生態系内での〔はたらき〕を下から選び記号で記入せよ。
　　　　　　　　　ア（　　　），イ（　　　），ウ（　　　），エ（　　　）

〔はたらき〕

　①　生産者　　②　消費者　　③　分解者

重要語句
□下水処理場
□活性汚泥
□窒素循環
□有機窒素化合物
□窒素肥料
□根粒菌

下水の高度処理

近年，下水の処理は高度処理とよばれる処理法が増えてきている。これは通常で得られる水質以上を得るためにリンや窒素を除去するものである。微生物を活用するという点では通常の方法と同じである。

3　窒素循環

次の文の（　）に適する語句を入れよ。

植物は，土壌中の（¹　　　　　　　　）と光合成産物を利用して，タンパク質を合成する。動物は，（²　　　　　　）としてこの窒素分をとり込むことになる。

生物の遺体や排出物には，（³　　　　　　　　）が含まれている。これらは菌類・細菌などのはたらきで分解され，（¹　　　　　　　　　）となる。つまり，微生物は分解者としての役割だけでなく，いわば（⁴　　　　　　）をつくる役割もはたしているわけである。

（⁵　　　　　　）はマメ科植物の根で生活する細菌で，空気中の窒素をとり込んで，植物が利用可能な（¹　　　　　　　　　）に変える。

4　水質浄化

次の文の（　）に適する語句を入れよ。

人間の流す排水が川に流れ込んでも，川底にすむ（¹　　　　　）のはたらきで，汚れの原因となる（²　　　　　）は分解され水はきれいになる。しかし，人口増加に伴い生活排水や工場排水が原因となって（³　　　　　）が進むと，汚れた水を処理するしくみが必要となる。

5　下水処理

次の図は下水処理のしくみを示している。下の各問いに答えよ。

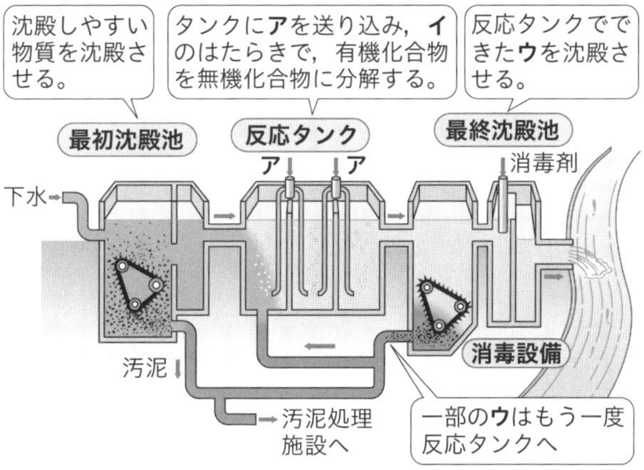

沈殿しやすい物質を沈殿させる。

タンクに**ア**を送り込み，**イ**のはたらきで，有機化合物を無機化合物に分解する。

反応タンクででた**ウ**を沈殿させる。

最初沈殿池　　**反応タンク**　　**最終沈殿池**

消毒剤

下水→

ア　　ア

消毒設備

汚泥

→汚泥処理施設へ

一部の**ウ**はもう一度反応タンクへ

(1)　図の**ア**～**ウ**に適する語句を入れよ。

ア（　　　　　　　　）

イ（　　　　　　　　）

ウ（　　　　　　　　）

(2)　図の**ウ**に含まれる〔微生物〕を下から三つ選び記号で記入せよ。

（　　　，　　　，　　　）

〔微生物〕

①　ゾウリムシ　　　②　ツリガネムシ　　　③　大腸菌

④　ケイソウ　　　　⑤　ワムシ　　　　　　⑥　アルケラ

節末問題

2節　微生物とその利用

1　いろいろな微生物
◆教科書 p.88-91 参照

以下の文について，正しい場合には○，誤っている場合には×を解答欄に記入せよ。

① 細菌は直径 1 μm くらいの大きさの単細胞生物である。

② 菌類の細胞は核をもたない原核細胞でできている。

③ ウイルスは小さいので，電子顕微鏡でないと見えない。

④ ゾウリムシやミドリムシは原生生物のなかまである。

2　微生物の利用
◆教科書 p.95-104 参照

以下の文について，誤っているものを選び記号で記入せよ。

① パンはアルコール発酵を利用している。

② しょうゆは細菌，カビの2種類の微生物を利用している。

③ 汚水処理には好気性細菌が利用されている。

3　窒素循環
◆教科書 p.102 参照

次の図は生態系内での窒素循環を示している。下の各問いに答えよ。

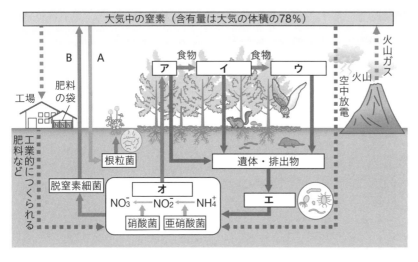

(1) 図のア〜オにあてはまる〔語句〕を下から選び記号で記入せよ。

〔語句〕 ① 無機窒素化合物　② 菌類・細菌　③ 植物
　　　　④ 植物食性動物　⑤ 動物食性動物

(2) 図のA〜Bにあてはまる語句を記入せよ。

1

①
_____

②
_____

③
_____

④
_____

🖊 Hint
原生生物や菌類が大きく，次いで細菌，最も小さいものがウイルスである。

2
_____

🖊 Hint
アルコール発酵では二酸化炭素が発生する。

3

(1)

ア
_____
イ
_____
ウ
_____
エ
_____
オ
_____

(2)

A
_____

B
_____

1 熱

◆教科書 p.108-113

重要語句

☐温度
☐温度計
☐セルシウス温度〔℃〕
☐熱平衡
☐熱が伝わる
☐伝導
☐対流
☐放射

1 温度と熱，熱の伝わり方①

次の文の（　）に適する語句を入れよ。

日常生活では，1気圧のもと，水が氷になる温度（凝固点）を（¹　　　　　），沸騰する温度を（²　　　　　）とし，その間を100等分した（³　　　　　記号〔　　〕）を用いる。長いあいだ，温度の異なる二つの物体が接触していると温度が等しくなる。この状態を（⁴　　　　　）という。温度の異なる二つの物体が（⁴　　　　　）になるとき，高温の物体から低温の物体に（⁵　　　　　）という。

熱の伝わり方には三つの種類がある。熱が接触する物体間で伝わることを（⁶　　　　　）という。熱そのものの移動ではなく，物体の移動による熱の伝わり方を（⁷　　　　　）という。物体と物体が空間を隔てて熱を伝える現象を（⁸　　　　　）という。

2 熱の伝わり方

熱の伝わり方には次の3種類がある。これについて各問いに答えよ。

ア　伝導　　イ　対流　　ウ　放射

(1) 右の図中の1～3に示す熱の伝わり方をア～ウから選び記号で記入せよ。

1（　　）2（　　）3（　　）

(2) 下の①～③の現象は熱の伝わり方ア～ウのどの例か，記号で記入せよ。

① 液体に入れたしゃもじが熱くなる。　　　　（　　）

② コンロの炎に手をかざすと手が熱くなる。　（　　）

③ 液体全体の温度が徐々に高くなっていく。　（　　）

熱の伝わり方について，自分で説明できるかな？

3 温度と熱，熱の伝わり方②

次の各問いに答えよ。ただし，各物体は長時間そこにあるものとする。

(1) 室温が20℃の階段にあるステンレスのてすりの温度は何℃か。

（　　）

(2) −25℃の冷凍庫にある氷の温度は何℃か。　　（　　）

(3) ビーカーの中の水の温度を測定したら25℃であった。ビーカーの温度は何℃か。　　（　　）

重要語句

- □熱運動
- □ブラウン運動
- □物質の三態
- □状態変化
- □蒸発
- □沸騰
- □潜熱
- □絶対零度
- □絶対温度
- □ケルビン

4　熱運動，物質の三態

次の文の（　）に適する語句を入れよ。

原子や分子はさまざまな速度で乱雑に運動している。この運動を（¹　　　　）という。物体の温度が高いとき，熱運動は激しい。液体または気体中に浮遊する微粒子は不規則な運動である（²　　　　）をする。

物質には固体・液体・気体の三つの状態がある。これらを物質の（³　　　　）といい，物質の状態が変化することを（⁴　　　　）という。下の図の C〜D では，液体の表面から水分子が飛び出し，水は気体に変わる。これを（⁵　　　　）という。さらに温度が上昇した D〜E では液体の内部からも気体に変わる。これを（⁶　　　　）という。このとき，加えられた熱は温度上昇ではなく状態変化するために用いられるため，加熱を続けているにもかかわらず温度は一定となる。状態変化に必要な熱を（⁷　　　　）という。

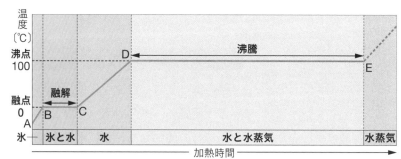

5　絶対温度

次の各問いに答えよ。

(1) 次の文の（　）に適する語句を入れよ。

水分子の熱運動がほとんど止まってしまう温度は約 $-273\,℃$ である。この温度を（¹　　　　）といい，この温度を基準にセルシウス温度目盛りと同じ間隔で刻んだ温度を（²　　　　）という。

(2) 次の各問いに答えよ。

ア　エタノールの沸点である $78\,℃$ は絶対温度で何 K か。（　　　）

イ　鉄の沸点である $2862\,℃$ は，絶対温度で何 K か。（　　　）

ウ　水銀の融点である $-39\,℃$ は，絶対温度で何 K か。（　　　）

エ　太陽の表面温度は約 $6000\,K$ である。$6000\,K$ はセルシウス温度で何℃か。（　　　）

オ　木星の表面温度は $152\,K$ といわれている。$152\,K$ はセルシウス温度で何℃か。（　　　）

華氏温度

温度表示にはそのほか華氏温度があり，℉で表す。水の凝固点は $32℉$，沸点は $212℉$ である。アメリカなどで用いられている。

重 要 語 句

□熱量
□ジュール〔J〕
□熱容量〔J/K〕
□比熱（比熱容量）
　〔J/(g・K)〕
□熱量の保存

6　熱量，熱容量と比熱，熱量の保存

次の文の（　）に適する語句を入れよ。

温度の低い物体を温度の高い物体と接触させると，温度の高い物体から温度の低い物体に熱が移動する。異なる物体間で移動する熱の大きさを（¹　　　　　）といい，単位は（²　　　　　記号〔　　〕）を用いる。

物体の温度を 1K 上昇させるのに必要な熱量を（³　　　　　）といい，単位は（⁴　　　　　記号〔　　〕）である。物質 1g あたり 1K 上昇させるのに必要な熱量を（⁵　　　　　）（比熱容量）といい，単位は（⁶　　　　　　記号〔　　〕）である。

高温の物体と低温の物体を接触させたとき，この二つの物体以外に熱の出入りがなければ，高温の物体が放出して失った熱量は低温の物体が受けとった熱量に等しい。これを（⁷　　　　　）という。

7　熱量，比熱

次の文について，正しい場合には○，誤っている場合には×を，（　）内に入れよ。

(1)　物体が得た熱量は，物体の温度変化に比例する。　　　（　　　）

(2)　同じ熱量を得ても，物体の材質によって温度の変化は異なる。

（　　　）

(3)　同じ熱量を与えたとき，比熱が同じなら質量が大きいほど温度変化も大きい。　　　（　　　）

(4)　高温の物体と低温の物体を接触させると，高温の物体が失った熱量は，低温の物体が得た熱量よりも小さい。　　　（　　　）

8　熱量，熱容量，比熱

次の各問いに答えよ。

(1)　熱容量 88 J/K のアルミニウムのかたまりの温度を 50 K 上昇させるには何 J の熱量が必要か　　　（　　　　　）

(2)　水 100 g の温度を 50 K 上昇させるのに何 J の熱量が必要か。

（　　　　　）

(3)　ある物体 100 g の温度を 50 K 上昇させるのに 4000 J の熱量が必要だった。この物体の熱容量と比熱を求め，物体の材質が何かを推測せよ。　　　熱容量（　　　　　）　比熱（　　　　　）

材質（　　　　　　　　　　　）

いろいろな物質の比熱

物質	比熱 〔J/(g・K)〕
銅	0.386(25℃)
鉄	0.448(25℃)
アルミニウム	0.901(25℃)
コンクリート	約0.8(室温)
木材	約1.3(20℃)
なたね油	2.04(20℃)
氷	2.10(−1℃)
水	4.19(15℃)

（出典：理科年表　平成 28 年）

4
章

1節　熱の性質とその利用

2 熱の発生

◆教科書 p.114-119

学習日

重要語句

□仕事をした
□仕事と熱は等価
□仕事
□エネルギーをもっている
□熱エネルギー
□運動エネルギー

1　熱とエネルギー，仕事とエネルギー，運動エネルギーと発熱

次の文の（　）に適する語句を入れよ。

力を加えて，力の向きに物体を動かしたとき，力が物体に（¹　　　）をしたという。物体に熱を加えても，（¹　　　）をしても，同様に温度を上げることができる。そのため（²　　　　　）であるといえる。物体に力 F〔N〕を加えながら力の向きに距離 s〔m〕だけ移動させたとき，（³　　　　）W〔J〕は次のように表される。

W〔J〕＝（⁴　　　　記号〔　〕）×（⁵　　　　記号〔　〕）

物体が仕事のできる状態にあるとき，この物体は（⁶　　　　）をもっているといい，（⁶　　　　）の単位は（⁷　　　　記号〔　〕）である。運動している物体のもつ（⁶　　　　）を（⁸　　　　）といい，運動する物体の質量，および物体の速さが大きいほど大きい。

2　仕事とエネルギー

思考 仕事とエネルギーに関する以下の文で，正しいものには○，誤っているものには×を，（　）内に入れよ。

(1)　物体が仕事のできる状態のとき，その物体はエネルギーをもっている。（　　）

(2)　運動エネルギーの大きさは物体の速さだけで決まる。（　　）

(3)　手で重い荷物を持ち続けたとき手は仕事をしていない。（　　）

(4)　坂道で荷物を押したが逆に荷物から押し戻された。このとき，荷物を押していた人は荷物に対して仕事をした。（　　）

重力加速度

質量 m〔kg〕の物体が受ける重力の大きさ〔N〕は $m×g$ である。ここで g は重力加速度といい，その大きさは 9.8 m/s² である。

3　仕事，力，移動距離

思考 次の各問いに答えよ。

(1)　ある物体が 500 N の力を受けて，その向きに移動した。力のした仕事が 1500 J だとすると，物体の移動距離は何 m か。（　　）

(2)　質量 50 kg の物体の受ける重力の大きさは何 N か。（　　）

(3)　質量 50 kg の物体をゆっくりと鉛直上向きに 2 m 持ち上げた。持ち上げる力のした仕事は何 J か。（　　）

重 要 語 句

□位置エネルギー
□力学的エネルギー
□力学的エネルギー
　保存の法則

4 　位置エネルギー，運動エネルギー，力学的エネルギー保存の法則

次の文の（　）に適する語句を入れよ。

高い場所にある物体はエネルギーをもっていて，これを重力による（¹　　　　　）という。運動エネルギーKと（¹　　　　）Uの和を（²　　　　）Eといい，$E=K+U$と表される。

右の図のように，質量m〔kg〕のおもりを高さh〔m〕の点Aから放す。糸と支点の摩擦と空気抵抗を無視すると，おもりは徐々に加速し，点Oで最速になり，高さh〔m〕の点Aと同じ高さまで上昇する。点Aでは，おもりは（³　　　　）だけをもち，そのあとで（³　　　　）が減少するとともに（⁴　　　　）が増加する。このあいだ，（⁵　　　　）は一定，これを（⁶　　　　）という。

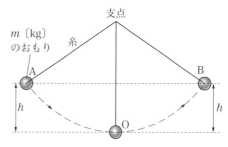

5 　力学的エネルギー保存の法則

問題4の図の振り子の運動について，次の表の空欄①～④をうめよ。

表　振り子の運動におけるおもりのエネルギー

	A点	O点	B点
位置エネルギー　U	最大U	0J	①
運動エネルギー　K	②	最大K	0J
力学的エネルギー　E	最大U	③	④

6 　力学的エネルギー

力学的エネルギーに関する以下の文で，正しいものには○，誤っているものには×を，（　）内に入れよ。

(1)　動力のついていないジェットコースターは，途中では最初にのぼった地点より高い地点までのぼることはない。　　（　　）

(2)　重力による位置エネルギーの大きさは，物体の高さが同じなら等しい。　　（　　）

(3)　物体の質量が同じなら，重力による位置エネルギーの大きさは等しい。　　（　　）

(4)　摩擦力や空気抵抗の力を無視することができれば，物体の力学的エネルギーは一定である。　　（　　）

学んだことをいかして解いてみよう。

7 電気エネルギーと発熱

次の文の （ ） に適する語句を入れよ。

金属に電流を流し続けると，金属が発熱する。このとき生じる熱を（¹　　　　　） という。生じる熱の大きさ Q〔J〕は，金属にかかる電圧 V〔V〕，流れる電流 I〔A〕，電流が流れた時間 t〔s〕とのあいだで $Q=$（²　　　　　） のように決まる。この熱を利用して，1秒間にされる仕事を（³　　　　　） という。この1秒間にされる仕事量を（⁴　　　　　） といい，単位は（⁵　　　　　記号〔　　〕） である。

8 化学エネルギーと発熱，光のエネルギーと発熱

次の文の （ ） に適する語句を入れ，{ } の中の正しい方を選べ。

物質がもっているエネルギーを（¹　　　　　） という。燃焼のように，化学変化によって発熱するような反応を（²　　　　　） という。また，化学変化によって，物体が熱を吸収し，物体の温度が下がることがある。このような反応を（³　　　　　） という。日常生活で使用される熱量の単位として（⁴　　　　記号〔cal〕） がある。水1gを1K上昇させるのに必要な熱量が（⁵　　　　　）cal であり，その大きさは，約（⁶　　　　　）J である。

光が物体に当たり，その光を物体が吸収すると物体の温度が上がる。光がもつエネルギーを（⁷　　　　　） という。光には，ヒトの眼で見える（⁸　　　　　） のほかに，（⁸　　　　　） よりも波長の長い{⁹　赤外線 ，　紫外線 } や波長の短い{¹⁰　赤外線 ，　紫外線 } などがある。これらを総称して（¹¹　　　　　） という。

9 仕事率

 右のラベルは，2種類の金属線AとBについての性能を表したものである。AとBにそれぞれ100Vの電圧をかけたとき，仕事率の大きい方はどちらか。また，何Wだけ大きいか。空欄（ア）と（イ）に該当するものを下のそれぞれから選び，記号で記入せよ。

金属線A
100 V　1200 W

金属線B
120 V　1800 W

ア（　　　　） の方が，イ（　　　　） だけ大きい。

アの選択肢　①　金属線A　　②　金属線B

イの選択肢　③　50 W　　④　100 W　　⑤　150 W

　　　　　　⑥　200 W　　⑦　250 W　　⑧　300 W

$I = \dfrac{V}{R}$ だったよね。金属線Bで100Vの電圧をかけたら、電流の大きさはどうなるかな？

重要語句

□ジュール熱
□電力
□仕事率
□ワット
□化学エネルギー
□カロリー

10　電力，消費電力，電気エネルギー

思考 消費電力 10 W の LED 電球を 2 時間点灯した。この間に LED 電球で消費された電気エネルギーはいくらか。また，LED 電球で消費された電気エネルギーは，主に光エネルギーと何エネルギーに変換されたか。次の表の①〜⑥から選び，記号で記入せよ。　　（　　　）

	電気エネルギー	変換されたエネルギー
①	20 J	力学的エネルギー
②	20 J	化学エネルギー
③	20 J	熱エネルギー
④	72000 J	力学的エネルギー
⑤	72000 J	化学エネルギー
⑥	72000 J	熱エネルギー

4 章

11　カロリー，ジュール，電力，ジュール熱

思考 次の各問いに答えよ。

1 kcal ＝ 1000 cal
1 cal ≒ 4.2 J

(1)　体重 50 kg の高校生が 1 日の食事で得ているエネルギーは約 2500 kcal である。これは約何 J か。　　（　　　　　）

(2)　(1)で求めたエネルギーを 100 kg の水に与えたとき，水は何 ℃ 上昇するか。ただし，水の比熱は 4.2 J/(g・K) とする。（　　　）

(3)　200 W の電球を 100 V の電源につなぐと何 A の電流が流れるか。
　　　　　　　　　　　　　　　　　　　　　　　　　（　　　）

(4)　60 W の電球を 100 V の電源につなぎ 1 分間電流を流した。電球から発生するジュール熱はいくらか。　　（　　　　　）

12　消費電力，熱量，カロリー，ジュール

思考 消費電力のラベルがとれたケトルを使い，30 ℃ の水 1 kg を 5 分間沸かして 90 ℃ にした。このとき，次の各問いに答えよ。ただし，ケトルに発生したジュール熱は全部水の温度上昇に使われたものとする。

計算の方法について，どれくらい理解できているかな？

(1)　1 kg の水が 30 ℃ から 90 ℃ になるには，何 cal の熱量が必要か。
　　　　　　　　　　　　　　　　　　　　　　　　　（　　　　　）

(2)　(1)で求めた熱量は何 J か。　　　　　　　　　　（　　　　　）

(3)　お湯を沸かすのに使ったケトルの消費電力は何 W か。
　　　　　　　　　　　　　　　　　　　　　　　　　（　　　　　）

(4)　使ったケトルの 2 倍の消費電力のケトルを使うと，30 ℃ の水 1 kg は何秒で 90 ℃ になるか。　　　　　　（　　　　　）

3 エネルギーの変換と利用

◆教科書 p.120-123

重要語句

□エネルギー変換
□エネルギー保存の法則
□熱機関
□熱効率

1　エネルギー保存の法則，熱機関，熱効率

次の文の（　）に適する語句を入れ，{　}の中の正しい方を選べ。

机の上で滑らせた本は，間もなく止まる。これは，本がもっていた運動エネルギーが，本や机，空気の熱エネルギーに変わるためである。このように，エネルギーの形態が変わることを（¹　　　　　）という。

物体が{² 得る　，　失う }エネルギーは，外部から受け取るエネルギーに等しく，また物体が{³ 得る　，　失う }エネルギーは，外部の物体が得るエネルギーに等しい。このように，エネルギーは形態を変えるものの，エネルギーの（⁴　　　　　）は一定に保たれる。これを（⁵　　　　　　　　）という。蒸気機関やガソリンエンジンでは，燃料を燃焼することで得られた熱エネルギーを利用して連続的に仕事をしている。このような装置を（⁶　　　　　）といい，高温の物体から得た熱量に対する仕事の割合を（⁷　　　　　）という。

2　熱効率

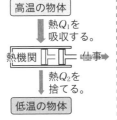

高温の物体
↓ 熱Q_1を吸収する。
熱機関 ━━ 仕事➡
↓ 熱Q_2を捨てる。
低温の物体

左図のように，高温の物体から熱量 Q_1 を吸収し，低温の物体に熱量 Q_2 を捨てる熱機関がある。次のア～ウに該当するものを下の〔文字式〕から選び，記号で記入せよ。ただし，同じものを何度選んでもよい。

熱機関のする仕事ア（　　　），熱効率 $e = \dfrac{イ（\qquad）}{ウ（\qquad）} \times 100$

〔文字式〕①　Q_1　　②　Q_2　　③　$Q_1 - Q_2$　　④　$Q_2 - Q_1$

3　エネルギー変換

次の図中の1～6に適する語句を入れよ。

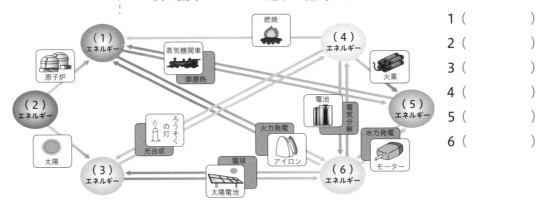

燃焼
（1）エネルギー
原子炉
蒸気機関車
摩擦熱
（4）エネルギー
火薬
（2）エネルギー
太陽
ろうそくの灯
光合成
電池
電気分解
火力発電
（5）エネルギー
水力発電
モーター
アイロン
電球
（3）エネルギー
太陽電池
（6）エネルギー

1（　　　　　）
2（　　　　　）
3（　　　　　）
4（　　　　　）
5（　　　　　）
6（　　　　　）

重要語句

□ヒートポンプ
□コージェネレーションシステム
□再生可能エネルギー

4 エネルギーの有効利用

次の文の（　）に適する語句を入れよ。

熱機関とは逆に，低温熱源から高温熱源へ熱をくみ上げる装置を，一般に（¹　　　　　）といい，冷蔵庫や（²　　　　　）はそのしくみを使っている代表的な家電製品である。熱源より電力と熱を生産し供給するシステムを（³　　　　　　　　　）といい，熱機関から発生する廃熱を給湯や暖房などに利用している。

現在の日本の電力の約7割以上は火力発電により発電されている。火力発電だけを見ても，（⁴　　　　　）や二酸化炭素の放出など，問題点も多い。（⁴　　　　　）する恐れがなく，利用される以上の速度で自然界からたえず補充される（⁵　　　　　　　　）の利用がすすめられている。

4章

蒸気機関車の熱効率

蒸気機関車の熱効率は10%程度で，ディーゼル機関車の3分の1程度といわれている。

5 ヒートポンプ

下の図は，熱機関（蒸気機関）とヒートポンプ（冷房）の模式図である。ア〜オに該当するものを下の〔語群〕から選び，記号で記入せよ。

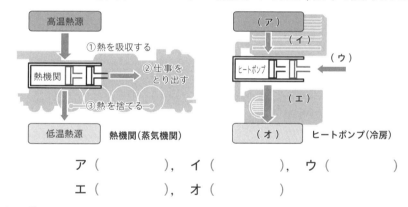

ア（　　　　），イ（　　　　），ウ（　　　　）
エ（　　　　），オ（　　　　）

〔語群〕
① 高温環境　② 低温環境　③ 熱を吸収する　④ 熱をうばう
⑤ 熱を捨てる　⑥ 仕事を与える　⑦ 仕事をとり出す

ヒートポンプの原理を，自分で説明できるかな？

6 発電方法（日本の電源構成）

右の図は日本の2018年の電源構成である。図中のア〜エに該当するものを下の〔発電方式〕から選び，記号で記入せよ。

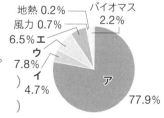

ア（　　　　），イ（　　　　）
ウ（　　　　），エ（　　　　）

〔発電方式〕　① 火力　② 水力　③ 原子力　④ 太陽光

節末問題

1節　熱の性質とその利用

 1　温度と熱　　　　　　　　　　　◆教科書 p.108-113 参照

(1) 次の文章のうち，誤りがあるものをすべて選び，記号で記入せよ。

　ア　ものの冷温の程度を数値で表したものが温度である。

　イ　絶対温度とセルシウス温度とは，1気圧のもと，水の凝固点を0度とし，水の沸点を100度としたものである。

　ウ　室内にある鉄製の机と室温とが熱平衡になっているとき，鉄製の机の方が冷たく感じるが，室温と同じ温度である。

　エ　ものを加熱すると体積が増えるのは，それを構成している原子や分子自体の体積が大きくなるからである。

　オ　物体の質量が大きいほど，物体の温度を1K上昇させる熱量は大きく，物質の種類には関係ない。

　カ　温度には上限も下限もない。

(2) 20℃のなたね油，水，鉄，コンクリートの500gを1000Wの電熱線で加熱したとき，最も早く100℃に達するのはどれか，名称を記入せよ。

 2　熱とエネルギー　　　　　　　　　◆教科書 p.114-123 参照

(1) 次の文章のうち，誤りがあるものを二つ選び，記号で記入せよ。

　ア　仕事と熱は等価である。

　イ　ジュール熱の大きさは，電流 I と電圧 V と電流が流れた時間 t の積で表される。

　ウ　1秒間のエネルギー消費量を仕事率という。電気の場合は電力ともいい，ジュール熱と時間の積で表される。

　エ　熱を利用して継続的に仕事をするのが熱機関である。

　オ　エネルギーの形態によらずエネルギーの総量は保存されている。

　カ　技術が進歩すれば，熱効率100％の熱機関は可能になる。

(2) 次の各問いに答えよ。

　ア　宇宙空間の温度は2.7Kである。2.7Kはセ氏温度で何℃か。

　イ　長時間煮込んでいるカレーの温度は102℃だった。カレーの肉の内部の温度は何℃か。

　ウ　20℃のなたね油300gを160℃にするのに必要な熱量を求めよ。

　エ　熱3600Jを得て仕事540Jをする熱機関の熱効率を求めよ。

1

(1)

_____

(2)

_____

🖋 **Hint**

比熱の小さい物質ほど，温まりやすく冷めやすい。

いろいろな物質の比熱

物質	比熱 (J/(g・K))
銅	0.386(25℃)
鉄	0.448(25℃)
アルミニウム	0.901(25℃)
コンクリート	約0.8(室温)
木材	約1.3(20℃)
なたね油	2.04(20℃)
氷	2.10(−1℃)
水	4.19(15℃)

(出典：理科年表　平成28年)

2

(1)

_____

🖋 **Hint**

ジュール熱を電流が流れた時間で割ったものが電力である。
$$(W) = (J/s)$$

(2)

ア

_____

イ

_____

ウ

_____

エ

_____

2節　光の性質とその利用

1 光

◆教科書 p.128-139

学習日 ／

重要語句

- □光源
- □光の直進性
- □光の速さ
- □光の反射
- □反射光
- □入射角
- □反射角
- □反射の法則
- □乱反射

4章

1 光の直進性，光の速さ，反射

次の文の（　）に適する語句を入れよ。また，{　}の中の正しい方を選べ。

太陽や豆電球など，発光する物体を（¹　　　　）という。（¹　　　　）から出た光は，四方八方にまっすぐ進む。この光の性質を光の（²　　　　）という。

光の速さは真空中で {³ 3.0 ， 8.0 } $\times 10^8$ m/s であり，1秒間に地球表面を {⁴ 3周 ， 7周半 } 回る速さである。空気中や水中では，その速さは {⁵ 速く ， 遅く } なる。

光は鏡などの物体に当たるとはねかえる。これを光の（⁶　　　　）といい，（⁶　　　　）した光を（⁷　　　　）という。入射した光の角度を（⁸　　　　），（⁶　　　　）した光の角度を（⁹　　　　）という。（⁸　　　　）と（⁹　　　　）の角度の大きさは同じで，これを（¹⁰　　　　）という。

物体の表面の凹凸によって，光はさまざまな方向に（⁶　　　　）する。これを（¹¹　　　　）という。このため，物体は四方八方から見ることができる。

2 光の直進性，光の反射

左の図は，鏡を2枚組み合わせた装置（潜望鏡）である。次の1〜5に該当するものを下の〔解答群〕から選び，記号で記入せよ。

鏡1に対して，（**ア**）は（¹　　　　），（**イ**）は（²　　　　）である。

鏡2に対して，（**イ**）は（³　　　　），（**ウ**）は（⁴　　　　）である。

人が見える光源の像（**エ**）の形は（⁵　　　　）である。

〔解答群〕　① 入射光　② 反射光　③ ⬆　④ ⬇

3 乱反射

下の図で，四方八方から見ることのできる反射板は（**ア**），（**イ**）のどちらか，記号を記入せよ。　　　　　　　　（　　）

（**ア**）　　　　　　　　　　　　　　（**イ**）

□屈折
□入射
□入射角
□屈折角
□相対屈折率
□絶対屈折率
□屈折率
□全反射

いろいろな物質の屈折率

物質名	屈折率
空気 （0℃，1気圧）	1.000292
二酸化炭素	1.000450
水（20℃）	1.3330
エタノール	1.3613

＊光の波長が 5.893×10^{-7} m の場合
（出典：理科年表 2019）

4 光の屈折，屈折率，全反射

次の文の（　）に適する語句を入れよ。

光が二つの物質の境界面で曲がる現象を光の（^{1}　　　）という。光が境界面に入ることを光の（^{2}　　　）といい，境界面に（^{2}　　　）する角度を（^{3}　　　），境界面で（^{1}　　　）する角度を（^{4}　　　）という。

右図のように，光を通す**物質1**から，同じく光を通す**物質2**に光が入射したとき，（^{3}　　　）と（^{4}　　　）それぞれに対する長さ AB と長さ CD において，次の式が成り立つ。

$$\frac{AB}{CD} = n_{12} \quad （一定）$$

n_{12} を ｛^{5} 物質1 ， 物質2 ｝に対する（^{6}　　　）の（^{7}　　　）という。

光が真空中から物質中に入射するときの（^{7}　　　）を，その物質の（^{8}　　　），あるいはたんに（^{9}　　　）という。

光が水中から空気中に入射する場合，（^{4}　　　）は（^{3}　　　）より大きい。このとき，入射角をしだいに大きくしていくと，やがて光は水面ですべて反射し，空気中に出られなくなる。このような現象を（^{10}　　　）という。

入射光
A　　B　　物質1
C　D　屈折光
物質2

5 光の屈折，屈折率，全反射

思考 光の屈折と全反射に関する以下の文で，正しい場合には○，誤っている場合には×を（　）内に入れよ。

(1) 水に入れたコインが浮き上がって見えるのは，水面で全反射がおこっているからである。　　　　　　　　　　　　　　（　）

(2) 空気中から水中に光が入射したとき，入射光の一部は屈折して水中に入り，一部は反射して空気中を進む。　　　　　（　）

(3) 全反射は，絶対屈折率の小さな物質から大きな物質に光が進むときにおこる。　　　　　　　　　　　　　　　　　（　）

(4) 空気中から水中に光が進むとき，入射角が大きいほど相対屈折率も大きくなる。　　　　　　　　　　　　　　　　（　）

(5) 光ファイバーの中では，光が屈折率の大きな物質中を全反射をくり返しながら進む。　　　　　　　　　　　　　　（　）

重要語句

- □レンズ
- □凸レンズ
- □凹レンズ
- □光軸
- □焦点
- □焦点距離
- □実像
- □虚像

レンズの種類

レンズには凸レンズと凹レンズの2種しかない。

・凸レンズのなかま

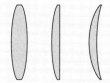

・凹レンズのなかま

6　レンズ，像

次の文の（　）に適する語句を入れ，{　}の中の正しい方を選べ。

光は，曲面をもつ透明な物質を通ると，屈折によって，光の進み方を変える。このような透明な物質を（¹　　　）という。

レンズには，周辺部よりも中央部が厚い（²　　　）と，周辺部の方が厚い（³　　　）がある。レンズの曲面の中心を結ぶ線をレンズの（⁴　　　）という。

凸レンズの光軸に平行な光線は，凸レンズの曲面に応じて曲がり，1点に集まる。この点を凸レンズの（⁵　　　）という。

レンズの中心から焦点までの距離を（⁶　　　）という。

凸レンズの焦点距離よりも{⁷　近く　，　遠く　}に物体を置くと，凸レンズの向こう側に，{⁸　上下　，　左右　，　上下左右　}逆向きの像を結ぶ。レンズを通った光が実際に集まってできる像を（⁹　　　）という。

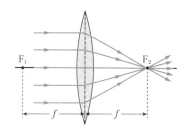

凸レンズの焦点距離よりも{¹⁰　近く　，　遠く　}に物体を置くと，実像を結ばなくなる。このとき，凸レンズを物体を置いたのと反対側からのぞくと，{¹¹　縮小　，　拡大　}された物体の像が見える。このような像を（¹²　　　）という。

7　レンズ，像

次の文の（　）に適する語句を入れ，{　}の中の正しい方を選べ。

ろうそく AB を焦点 F_1 とレンズのあいだに置くと，レンズを通った光は広がってしまい像をつくらない。しかし，レンズの反対側からのぞくと，A'B' の位置に拡大された{¹　正立　，　倒立　}の（²　　　）が見える。拡大された像は，物体がレンズに{³　より近い　，　より遠い　}方が大きい。虫めがねでは，この拡大された像を見ているのである。

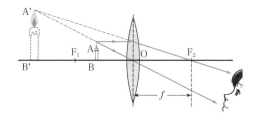

光は電磁波の一種

電磁波は，電場と磁場の波（横波）が対をなして伝わっていく。

電場の波

磁場の波

8　光と波

次の文の（　）に適する語句を入れ，{　}中の正しいものを選べ。

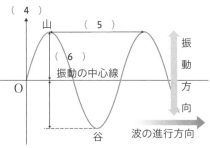

波とは，(^{1}　　　　　)で起こった振動が次々とまわりに伝わっていく現象である。光は，振動方向と進行方向とが{^{2}　平行　，　垂直　}な波(^{3}　　　　)で，図のように表される。振動の中心から振動方向にどれだけずれたかを(^{4}　　　　)，山から隣の山までの距離を(^{5}　　　　)，山から振動の中心線までの(^{4}　　　　)を(^{6}　　　)という。

9　光の分散，三原色

次の文の（　）に適する語句を入れ，{　}中の正しい方を選べ。

光は，波長によって色が違っており，赤色光が約{^{1}　400　，700　}nmで，紫色の光が約{^{2}　400　，　700　}nmである。また，波長が短い光ほど屈折率は{^{3}　小さい　，　大きい　}。

太陽光に含まれるさまざまな波長の光がプリズムを通過するとき，波長に応じた屈折角で進み，色がわかれて見える。この現象を光の(^{4}　　　　)という。

赤・緑・青の3色を(^{5}　　　　　)という。これらの色を組み合わせて発光させることで，すべての色を表現できる。他方，印刷はシアン，マゼンタ，イエローの3色のインクを混ぜ合わせることで，すべての色を再現することができる。この3色を(^{6}　　　　)という。

10　虹，光の分散

虹や光に関する以下の文で，正しい場合には○，誤っている場合には×を（　）内に入れよ。

(1)　虹は太陽を正面にした側に見ることができる。　　　（　　　）

(2)　虹は，空に浮かんだ水滴の粒がプリズムのようになって，太陽光を分散することで現れる。　　　（　　　）

(3)　水滴内に入った光の進み方には2通りあり，主虹と副虹という。
　　　　　　　　　　　　　　　　　　　　　　　　　　　（　　　）

(4)　主虹では光が水滴内で2回反射し，副虹では1回反射する。
　　　　　　　　　　　　　　　　　　　　　　　　　　　（　　　）

重要語句

□散乱
□自然光
□偏光版
□偏光
□光弾性

11 光と波，光の散乱，偏光

次の文の（　）に適する語句を入れ，｛　｝中の正しい方を選べ。

光が，その波長と｛¹ 同程度以上 ， 同程度以下 ｝の大きさの粒子に当たると，光の一部が粒子を中心に広がって進む。これを光の（² 　　　　）という。

太陽光などの光はさまざまな方向に振動している横波の集まりであり，このような光を（³ 　　　　）という。（⁴ 　　　　）には，特定の振動方向の光だけを通すはたらきがあり，自然光を（⁴ 　　　　）に通すことで，特定の振動方向の光だけとなる。このような光を（⁵ 　　　　）という。

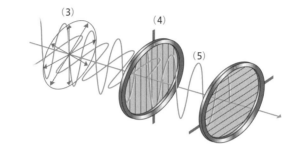

12 散乱，偏光

思考

虹や光に関する以下の文で，正しい場合には○，誤っている場合には×を（　）内に入れよ。

(1) 晴れた空が青く見えるのは，大気中の微粒子によって波長の短い青い光が強く散乱されるためである。　　　　　　　（　　）

(2) 日の出や日の入りの太陽や雲が赤く見えるのは，光の偏光によるものである。　　　　　　　　　　　　　　　　　　（　　）

(3) 偏向板を使ったサングラスをかけると，自然光が散乱によって取り除かれ，まぶしさがおさえられる。　　　　　　（　　）

(4) カメラのレンズに偏光板をセットすることで，水面で反射した偏光をさえぎり，水中のようすを写すことができる。　（　　）

(5) 右の図のように，光弾性を使って，物体のゆがみなどを検出することができる。

（　　）

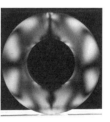

(6) 偏光板２枚を重ねて向こう側が見える状態から，１枚を90°回転させると，向こう側のようすがさらにはっきりと見えるようになる。

（　　）

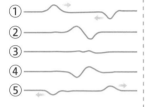

重要語句

□回折
□重ね合わせの原理
□波の独立性
□波の干渉
□干渉縞
□単色光線

① ② ③ ④ ⑤

13　波の回折，干渉

次の文の（　）に適する語句を入れ，{　}中の正しい方を選べ。

板のすき間を通り抜けた波は，すき間の幅だけでなく，板の後ろ側へ回り込むように進む。この現象を波の（¹　　　）という。この現象は，すき間の幅が波の波長{² に近づく　，　から遠ざかる　}にしたがって著しくなる。

二つの波が衝突すると，二つの波が足し合わされる（左図の②〜④）。これを（³　　　）という。さらに波が進むと，重なり合う部分がなくなり，もとの波として進行する（左図の⑤）。この性質を波の（⁴　　　）という。

二つの波源から発生する波と波が重なり合い，強め合ったり，弱め合ったりする。この結果として見られる現象を波の（⁵　　　）という。こうしてできる縞模様を（⁶　　　）という。

14　光の干渉

次の文の（　）に適する語句を入れ，{　}中の正しい方を選べ。

ヤングは，細いすき間（スリット）を用いて，特定の波長の光（¹　　　）を回折させ，光でも（²　　　）ができることを実験で示した。シャボン玉や水に浮いた油の膜などの表面に，自然光によって虹のような色を見ることができる。これは，膜の{³ 内側どうし　，　外側どうし　，　外側と内側 }で反射する光が（⁴　　　）を起こしているからである。

15　ヤングの実験

下の図は，ヤングの実験を示したものである。①〜⑤の部分では，光の明・暗のいずれになるか。（　）に明，暗を記入せよ。

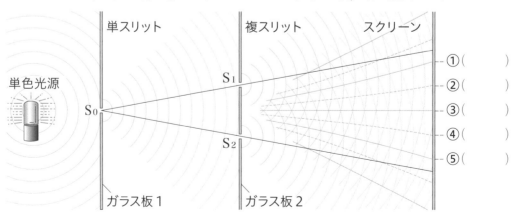

理解ができたら Check! ▶ □

2節　光の性質とその利用

2　電磁波の利用

学習日　／

◆教科書 p.140-143

重要語句

□可視光線
□赤外線
□電波
□紫外線
□X線
□γ線
□電磁波

1　可視光線，赤外線，電波，紫外線，X線，γ線，電磁波

次の文の（　）に適する語句を入れ，{　}中の正しい方を選べ。

ヒトの眼で見ることのできる光は（1　　　　）とよばれている。赤から紫までのうち，赤色の波長が最も{2 短く ， 長く }，紫色の光の波長が最も{3 短い ， 長い }。赤よりも長い波長領域のものを（4　　　　），さらに長い領域のものを（5　　　　）という。また紫よりも短い波長領域のものを（6　　　　），さらに短い領域のものを順に（7　　　　），（8　　　　）という。これらを総称して（9　　　　）という。

2　電磁波とその分類

下の図は，電磁波を波長にしたがって分類したものである。ア～キに適する用語を〔語群〕から選び，記号で記入せよ。

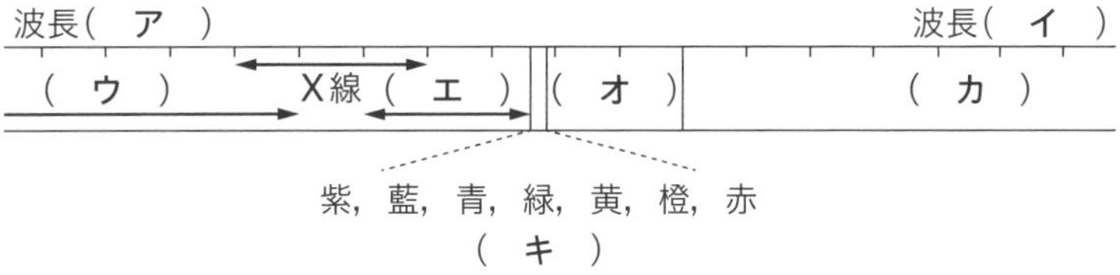
波長（ ア ）
波長（ イ ）
（ ウ ）
X線（ エ ）
（ オ ）
（ カ ）
紫，藍，青，緑，黄，橙，赤
（ キ ）

（ア　　　　），（イ　　　　），（ウ　　　　），（エ　　　　）
（オ　　　　），（カ　　　　），（キ　　　　）

〔語群〕

①　可視光線　　②　電波　　③　赤外線　　④　紫外線
⑤　γ線　　⑥　長い　　⑦　短い

3　赤外線，紫外線

思考　赤外線や紫外線に関する以下の文で，正しい場合には○，誤っている場合には×を（　）内に入れよ。

(1)　紫外線はテレビや空調機のリモコン用いられている。（　　）
(2)　物体が放射する赤外線の強度を調べると物体の表面温度がわかる。この温度分布図をサーモグラフィ画像という。（　　）
(3)　紫外線は可視光線や赤外線に比べて大きなエネルギーをもつ。（　　）
(4)　赤外線は食物などを殺菌する殺菌灯に利用される。（　　）

4章

4　電波の利用，X線，γ線の利用

電波やX線，γ線の利用に関する以下の文で，正しい場合には○，誤っている場合には×を（　）内に入れよ。

⑴　電子レンジでは，特定の波長のX線やγ線を用いて，水を含む食品を温めている。　　　　　　　　　　　　（　　　）

⑵　X線写真は，人体などに照射し，透過してくるX線をフィルムなどに投影，撮影したものである。　　　　　　（　　　）

⑶　骨などの透過率の高いものは，X線がフィルムに到達しないので白く写る。　　　　　　　　　　　　　　　（　　　）

⑷　空港の手荷物検査などには，γ線が用いられる。このような検査は非破壊検査と呼ばれている。　　　　　　（　　　）

⑸　γ線は，使い捨ての注射器や手術用の糸などの滅菌処理に使われる。　　　　　　　　　　　　　　　　　　（　　　）

⑹　X線は，ジャガイモの発芽を防止したり，作物の品種改良に使われている。　　　　　　　　　　　　　　　（　　　）

5　電磁波の利用

右の表は，電磁波の種類とその応用例についてまとめたものである。
⑴～⑸に適する用語を〔語群〕から選び，記号で記入せよ。

⑴　（　　　　　　）
⑵　（　　　　　　）
⑶　（　　　　　　）
⑷　（　　　　　　）
⑸　（　　　　　　）

〔語群〕

① γ線
② 太陽光
③ 白色光
④ 電波
⑤ 殺菌灯
⑥ 電子レンジ
⑦ 植物の品種改良
⑧ 暖房器具
⑨ 無線LAN
⑩ 手荷物検査

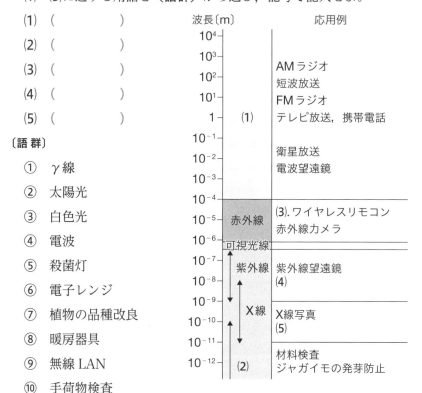

節末問題

2節　光の性質とその利用

思考 1　光の屈折，屈折率

◆教科書 p.128-131 参照

次の文の下線部が正しければ○，誤っている場合には正しい語句を解答欄に記入せよ。

(1)　光の速さは真空中で 3.3×10^8 m/s であり，音速よりもはるかに遅い。

(2)　右の図のように，光が媒質 1 から媒質 2 に進むとき，θ で表された角のことを，屈折角という。

(3)　右の図において，媒質 1 に対する媒質 2 の相対屈折率は，0.75 である。

1

(1)
＿＿＿＿＿＿＿＿＿

(2)
＿＿＿＿＿＿＿＿＿

(3)
＿＿＿＿＿＿＿＿＿

4章

2　凸レンズによる像

◆教科書 p.132-133 参照

次の(1)，(2)のように，それぞれ凸レンズの前にろうそくを置いたときにできる像を作図せよ。また，虫めがねとしての用い方は(1)，(2)のどちらか，番号を記入せよ。なお，F_1，F_2 は凸レンズの焦点である。

(1)
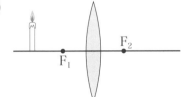

(2)
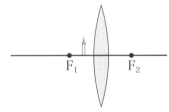

2

虫めがねとしての用い方
＿＿＿＿＿＿＿＿＿

🕐 Hint
(1)は実像，(2)は虚像になる。

思考 3　回折，干渉，偏光

◆教科書 p.136-143 参照

次の文の下線部が正しければ○，誤っている場合には正しい語句を解答欄に記入せよ。

(1)　建物の陰や建物内でもテレビの電波を受信できるのは，波が干渉をするためである。

(2)　カメラのレンズに偏光板をセットすると，水面で反射した偏光をさえぎるため，水中のようすを写すことができる。

(3)　二つの波が出会うと，波の独立性によって，二つの波を足したような波ができる。

(4)　電磁波にはいろいろな種類のものがある。ジャガイモの発芽防止や作物の品種改良には紫外線が使われている。

3

(1)
＿＿＿＿＿＿＿＿＿

(2)
＿＿＿＿＿＿＿＿＿

(3)
＿＿＿＿＿＿＿＿＿

(4)
＿＿＿＿＿＿＿＿＿

理解ができたら Check! ▶

1 太陽系の天体と人間生活

学習日 ／

◆教科書 p.148-151

重要語句

- □太陽系
- □恒星
- □惑星
- □小惑星
- □公転
- □彗星
- □衛星
- □地球型惑星
- □木星型惑星

惑星の発見

水星から土星までは古来から存在が知られていたが，天王星は 1781 年，海王星は 1846 年に発見された。土星の輪は，ガリレオが望遠鏡を使って 1610 年に発見された。

地球型惑星と木星型惑星の特徴を，自分で説明できるかな？

1 太陽系の天体①

次の文の（　）に適する語句を入れよ。

私たちのくらす地球は，(^{1}　　　　　）とよばれる，太陽を中心とした天体の集団に属する惑星の一つである。太陽は(^{1}　　　　　）の全質量の 99.8 % 以上を占める大きな天体である。しかし宇宙に無数に存在する，(^{2}　　　　　）の中では，太陽はごくありふれた星の一つにすぎない。太陽のまわりには，地球をはじめとする 8 個の（^{3}　　　　　）のほか，多数の（^{4}　　　　　），太陽系外縁天体などがあり，各天体は太陽とたがいに引力で引き合うことにより，太陽のまわりをそれぞれ一定の周期で（^{5}　　　　　）している。地球の公転半径は約 1 億 5 千万 km で，この長さを 1 天文単位（au）という。最も外側の惑星である（^{6}　　　　　）の公転半径は，約 30 au である。

2 太陽系の天体②

次のア〜ウの天体の説明を下の〔特徴〕から選び記号で記入せよ。

ア	小惑星	（　　）
イ	彗星	（　　）
ウ	衛星	（　　）

〔特徴〕

① 熱を受けて氷などの物質が蒸発して流され，尾を引いた天体

② 最大でも直径 1000 km の小さな天体

③ 月のような，惑星のまわりを公転している天体

3 惑星の特徴

次の問いに答えよ。

(1) 地球型惑星の天体を下の〔惑星〕からすべて選び記号で記入せよ。　　　　　（　　　　）

(2) 木星型惑星の天体を下の〔惑星〕からすべて選び記号で記入せよ。　　　　　（　　　　）

〔惑星〕

① 土星　② 金星　③ 天王星　④ 海王星

⑤ 水星　⑥ 地球　⑦ 木星　⑧ 火星

重要語句

□日周運動
□自転
□太陽暦

恒星の見える方向

いちばん近い恒星まででも約 40 兆 km もあり，地球から太陽までの距離に比べて非常に遠い。そのため，地球が公転しても恒星はほぼ同じ方向にあるように見える。

4　太陽の動きと季節

次の文の（　）に適する語句を入れよ。

　地上から空を見ると，天球が 1 日に 1 回転し，天球上の多くの天体が東からのぼって西に沈むように見える。これが天体の（¹　　　　）であり，地球が，（²　　　　）していることによる。同時に地球は太陽のまわりを（³　　　　）しており，1 回自転するあいだに約 1°公転する。そのため，1 日の長さ，つまり太陽の南中から次の南中までの時間は 24 時間だが，地球がちょうど 1 回自転する時間，つまり天球上のある恒星が南中してから次に南中するまでの時間は，1 日よりやや短い 23 時間 56 分 4 秒になる。したがって，地上から見ると，（⁴　　　　）と太陽の位置関係が少しずつ変化し，1 年後にもとに戻ることになる。さらに，地球の（⁵　　　　）が傾いているため，地球上の各地点における太陽の（⁶　　　　）は，1 年をかけて変化する。このため各地点での太陽からの受熱量も変化し，これが，さまざまな自然現象に季節変化を生じさせる要因になっている。

5　太陽の動きと太陽暦

次の文の（　）に適する語句を下の〔語群〕から選び記号で記入せよ。

　人間の活動は，（¹　　　　）の出没に合わせて行われることが多い。1 日（24 時間）という時間の長さは，その周期に合わせて決められている。1 年は 1 日のちょうど 365 倍になっていないため，1 年の日数を固定するとしだいに季節がずれる。そこで，（²　　　　）が設けられた。これが（³　　　　）である。

〔語 群〕

① 太陽　　② 太陰太陽暦　　③ うるう月　　④ 月
⑤ 日周運動　　⑥ 南中高度　　⑦ 太陽暦　　⑧ うるう年

6　月の満ち欠け

下の(1)から(4)の地球から見た月の満ち欠けのときは，図の月の公転のどの位置にあたるか，適する位置を選び記号で記入せよ。

(1) 満月のとき　　（　　）
(2) 新月のとき　　（　　）
(3) 下弦の月のとき（　　）
(4) 上弦の月のとき（　　）

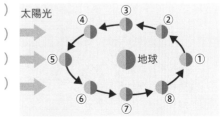

1 日 1 年の決め方について，どれくらい理解ができているかな？

理解ができたら Check! ▶

② 潮汐と人間生活

学習日　／

◆教科書 p.152-154

重要語句

□潮汐
□干潮
□満潮
□大潮
□小潮
□起潮力
□潮流

1　潮汐

次の文の（　）に適する語句を下の〔語群〕から選び記号で記入せよ。海面が昇降をくり返す現象を（¹　　　　）という。下がりきった状態が（²　　　　），上がりきった状態が（³　　　　）である。海岸に立って観察すると，干潮時には水際が沖の方に退き，満潮時には水際が陸の方に進んでくることがわかる。潮汐は，おもに月と（⁴　　　　）の影響を受けて生じる。一般に，遠浅の海岸ほど干潮時の水際と満潮時の水際の距離は大きい。

潮位差は場所によって異なり，日本では太平洋側で大きく，日本海側で小さい傾向がある。潮位差が大きいときと，潮位差が小さいときがあり，それぞれ（⁵　　　　），（⁶　　　　）という。それらの周期は約半月で，一定である。（⁷　　　　）の満ち欠けと潮位の変化を比べると，新月のときと満月のときに潮位の変化が（⁸　　　　）ことが読みとれる。

〔語群〕

① 潮汐　② 太陽　③ 月　④ 大きい　⑤ 小さい
⑥ 干潮　⑦ 満潮　⑧ 大潮　⑨ 小潮

干潮，満潮の差

日本における干満の差は，日本海側ではおよそ 0.4 m，太平洋側ではおよそ 2 m といわれている。有明海では最大 6 m になることもある。

2　潮汐のしくみ

次の①から③の文のうち起潮力の特徴について正しいものをすべて選び記号で記入せよ。　　　　（　　　）

① 起潮力は，おもに月の引力によって生じる。

② 太陽の引力による影響は，月のおよそ倍である。

③ 新月と満月の頃は，月と太陽の起潮力が互いに強め合う。

3　潮流

次の文の（　）に適する語句を入れよ。

（¹　　　　）が時間とともに変化すると，それを受けて海水は流れようとする。この海水の流れを（²　　　　）とよぶ。

海岸線の形や（³　　　　）によって潮流は大きく影響を受けるため，実際の海水の流れの向きや速さは複雑になっている。（⁴　　　　）は，潮流が速い海域として知られている。

3　太陽の放射エネルギー

◆教科書 p.156-165

重要語句

□光球
□彩層
□黒点
□フレア
□磁気嵐
□オーロラ

黒点の数の変動

年間に出現する黒点の数は，増減することが知られている。黒点の数が他の年度に比べて多かったピークの年は，近年では1958年，1969年，1979年，1989年，2000年でおよそ11年周期であった。また，2006年から数年間，黒点の数が非常に少なかった。

1　太陽のすがた

次の文の（　）に適する語句を入れよ。

太陽は，半径約70万kmの天体で，地球のおよそ109倍の大きさをもつ。その中心部では，水素原子核4個がヘリウム原子核1個に変わる（¹　　　　　　）が起こり，莫大なエネルギーが生み出されている。発生したエネルギーは，おもに可視光線として，太陽表面の（²　　　　）から宇宙空間に放射されている。（²　　　　）の表面温度は約（³　　　　）で，さまざまな現象が起こっている。

2　太陽の表面のようす

次の文の（　）に適する語句を下の〔語群〕から選び記号で記入せよ。

（¹　　　　　）は，光球の外側にある赤色の薄い層で，そのまわりをとりまいているのが（²　　　　）である。（²　　　　）の温度は（³　　　　）である。（¹　　　　）や（²　　　　）は，日食で光球が月に完全に隠されると，観察することができる。光球より少し温度が低いため，黒っぽく見えるのが（⁴　　　　）であり，その観察を続けると，光球面をしだいに移動していくことがわかる。これは，太陽も自転しているためである。また（⁴　　　　）の出現数は，多い時期と少ない時期がある。これは，太陽の（⁵　　　　）がつねに変化しているためと考えられている。

〔語群〕

①　約6000 K　②　約200万K　③　彩層　④　黒点
⑤　光球　⑥　コロナ　⑦　活動度　⑧　核融合反応

3　太陽と地球

次の①〜③の現象の名称を答えよ。

①　太陽から放出された高速の荷電粒子が数日後に地球付近に達し，地球の磁気を乱す現象　　　（　　　　　　　　　　）

②　太陽から放出された荷電粒子が大気圏上空に侵入すると発生する現象　　　（　　　　　　　　　　）

③　太陽活動が活発な時期に，太陽表面で発生する爆発現象
（　　　　　　　　　　）

□太陽放射
□地球放射
□温室効果ガス
□温室効果
□地球温暖化
□ハビタブルゾーン

太陽光発電

太陽光発電のパネルは，最も効率よく太陽光が当たるように方位と傾きを調整して設置されている。

地球温暖化の原因について，自分で説明できるかな？

4 太陽の放射

次の文の（ ）に適切な語句を下の〔語群〕から選び記号で記入せよ。

太陽は可視光線のほかにもさまざまな波長の電磁波を放射している。これらを合わせて（^{1}　　　　）といい，そのエネルギーの強さは，（^{2}　　　　）の領域が最も強い。地球まで達した（^{1}　　　　）は，大気や雲によって（^{3}　　　　）が反射され，（^{4}　　　　）が吸収される。そして約50％が地表に届く。大気と地表は，（^{1}　　　　）エネルギーを吸収して暖められ，その温度に見合う量のエネルギーを赤外線として宇宙空間に放射しており，これを（^{5}　　　　）という。

（^{1}　　　　）と（^{5}　　　　）がつり合っていることから，大気や地表の温度が決まる。地表から放射された赤外線の大部分は，大気中の水蒸気や（^{6}　　　　）などに吸収され，大気を暖める。暖められた大気からは赤外線が放射され，それを受けた地表の温度は，大気がないときよりも上昇する。これを大気の（^{7}　　　　）という。大気中の（^{7}　　　　）ガスが増えると，大気に吸収される赤外線が増え，その結果，大気の平均気温が上昇し，さらに地表の平均気温も上昇する。これが（^{8}　　　　）である。

〔語群〕

① 約30％ ② 約20％ ③ 太陽放射 ④ 地球放射
⑤ 地球温暖化 ⑥ 温室効果 ⑦ 可視光線 ⑧ 二酸化炭素

5 生命の星・地球

次の文の（ ）に適する語句を入れよ。

恒星の周囲の宇宙空間で，惑星の表面温度が液体の水を維持できる範囲を（^{1}　　　　）とよぶ。（^{2}　　　　）も太陽系の（^{1}　　　　）に位置しているが，大気がなく，液体の水も確認されていない。

6 緯度によって異なるエネルギーの収支

思考 地球表面のエネルギー収支に関する以下の文について，正しい場合には○，誤っている場合には×を（ ）内につけよ。

(1) 太陽放射のエネルギー量は緯度により大きく異なる。（　　　）

(2) 低緯度地方から高緯度地方へエネルギーを運ぶはたらきが生じる。（　　　）

(3) 地球放射のエネルギー量は緯度によって大きく異なる。（　　　）

貿易風

日本語の貿易風という用語は，英語の"trade winds"に由来する。昔，帆船で航海する時代には，貿易風や偏西風などをじょうずに利用していた。

7 大気と海洋の大循環

次の文の（ ）に適する語句を下の〔語群〕から選び記号で記入せよ。
（^{1}　　　）地方から高緯度地方へエネルギーを運ぶはたらきをもつものとして，まず（^{2}　　　）があげられる。（^{2}　　　）は，移動するときに地球の自転の影響を受け，循環する。その結果，赤道をはさんだ低緯度地方の地上では，おもに東寄りの（^{3}　　　）が吹き，日本列島を含む（^{4}　　　）地方の地上では，おもに西から東へ向かう（^{5}　　　）が吹く。また，このような風が吹くことがおもな原動力となって，北太平洋では，（^{6}　　　）が生じる。日本列島付近には，その一部である（^{7}　　　）が亜熱帯海域から北上し，寒帯海域からは親潮が南下してくる。このような海水の移動でも，エネルギーは，より（^{8}　　　）へ向かって運ばれる。

〔語群〕

① 低緯度　② 中緯度　③ 高緯度　④ 大気
⑤ 海流　⑥ 黒潮　⑦ 貿易風　⑧ 偏西風

8 上空の風

次の各問いに答えよ。

(1) 次の文の（ ）に適する語句を入れよ。
　中緯度上空を吹く（^{1}　　　）が蛇行し，（^{2}　　　）や高気圧の発生に大きく関与している。
　高度十数 km 付近には，（^{3}　　　）とよばれるとくに強い風が吹き，（^{4}　　　）はこの風の影響を強く受ける。

(2) （^{3}　　　）の影響で，①「日本から太平洋を越えたサンフランシスコへ飛行機で行く」場合と，逆に②「サンフランシスコから日本へ飛行機で帰る」場合とでは，どちらの方が時間がかかるか，①②の記号を記入せよ。（　　　）

9 水の循環

あせらずーつずつ穴埋めをして，覚えていこう！

(思考)次の①から③の文のうち水の循環の特徴について正しいものをすべて選び記号で記入せよ。（　　　）

① 太陽からのエネルギーは，水を蒸発させて雲をつくり降水をもたらす。

② 太陽からのエネルギーは大気の循環によってのみ輸送される。

③ 植物が光合成を行う際には，光のエネルギーと水を利用する。

重要語句

□気団
□梅雨前線
□台風

三寒四温

気象庁の解説用語では，「冬期に3日間くらい寒い日が続き，次の4日間くらい暖かく，これが繰り返されること」とされている。一般には，春先にだんだん暖かくなる時期に使われる。

季節と気団の関係について，自分で説明できるかな？

10　日本の気象，季節

次の文の（　）に適する語句を入れよ。

大陸と大洋には，それぞれ温度や湿度がほぼ均質な，高気圧性の大気が停滞することがある。これを（¹　　　　　）とよぶ。（¹　　　　　）から吹き出す風は，季節とともに変化し，その盛衰が日本の気象に大きく影響する。

冬：ユーラシア大陸北部には，強い放射冷却によって低温で乾燥した（²　　　　　）が形成され，日本付近は（³　　　　　）の気圧配置となる。

春：（²　　　　　）が弱まると，かわって大陸南部に低気圧や高気圧が発生し，それらが偏西風に流されて日本付近を通過するようになる。天気や気温が周期的に変化して，（⁴　　　　　）とよばれる天候となる。

（梅雨）夏が近づくと，（⁵　　　　　）から吹き出す寒気と，小笠原気団から吹き出す暖気との境界で（⁶　　　　　）が生じ，その付近では長期にわたって雨が降り続く。

夏：（⁷　　　　　）の高気圧におおわれるようになると晴天が続き，気温が上昇する。

秋：夏から秋にかけて，西太平洋の低緯度海域で発生した熱帯低気圧が発達して（⁸　　　　　）となり，北上して，しばしば日本に来襲する。また，（⁸　　　　　）が遠くの海上にあっても，そのまわりを吹く湿った風により，秋雨前線が刺激されて大雨が降ったり，海が荒れたりすることもある。春と同様，周期的に天気が変化することが多いが，しばらく長雨が続くこともある。

11　日本の気象

次のア〜ウの気団の影響が強い〔時期〕と〔特徴〕を下の語群から選び，記号で記入せよ。

ア　シベリア気団	時期（　　），特徴（　　）
イ　オホーツク海気団	時期（　　），特徴（　　）
ウ　小笠原気団	時期（　　），特徴（　　）

〔時期〕

①　冬　　②　夏　　③　梅雨，秋の長雨

〔特徴〕

①　高温・湿潤　　②　寒冷・湿潤　　③　寒冷・乾燥

重要語句

□豪雪
□暴風雪
□干ばつ
□渇水

線状降水帯

近年，線状降水帯による水害が多くなっている。これは雨雲が線状に次々に発生してほぼ同じ場所を通過もしくは停滞し続ける自然現象であり，それにより集中豪雨が起きることがある。

12　気象災害

次の(1)～(4)の日本で起こる代表的な気象災害について，文中の（　）に適する語句を下の〔語群〕から選び記号で記入せよ。

(1)　（¹　　　　）の進行方向右側では，（¹　　　　）自身の風に（¹　　　　）を移動させる気流が重なるため，とくに強い風が吹き，（²　　　　）とよばれている。

(2)　（³　　　　）は数時間にわたり数十 mm/h 以上の雨が降ることで，低い土地に（⁴　　　　）をもたらしたり，雨がやんだあとでも，土石流や地すべりを引き起こしたりすることがある。

(3)　冬季，北西の季節風が強くなると日本海側は（⁵　　　　）となり，交通障害や建物の倒壊，集落の孤立，落雪被害，除雪に伴う二次災害などをもたらす。また，暴風を伴うと（⁶　　　　）となり，視界が遮られて非常に危険である。

(4)　天候不順による日照不足や低温が続くと，農作物に被害が出ることがあり，これを（⁷　　　　）とよぶ。一方，梅雨期や台風・秋雨期の降水量や冬季の積雪量が少なかったときに晴天が続くと，（⁸　　　　）や渇水が起こりやすい。

〔語群〕

①　集中豪雨　　②　台風　　③　冷害　　④　干ばつ
⑤　危険半円　　⑥　暴風雪　　⑦　冠水被害　　⑧　豪雪

13　気象の恵みと人間生活

次の文の（　）に適する語句を入れよ。

日本で吹く風のうち日本列島近海の海上を渡ってきた風は多量の（¹　　　　）を含み，日本列島中央の山地を越える際に（²　　　　）をもたらす。冬季の降雪，梅雨や台風に伴う降雨は，ときとして私たちに（³　　　　）をもたらすが，（⁴　　　　）の供給源として非常に重要な役割もはたしている。

世界の（⁵　　　　）を比較すると，中緯度では（⁶　　　　）が広い面積を占めている中にあって，日本は恵まれた環境下にあるといえる。そして，降り注いだ雨や雪は山地の豊かな（⁷　　　　）を育てるとともに，河川水や地下水となって平野をうるおす。その水を利用することで，日本では（⁸　　　　）を基盤とした社会と文化が成立して発展し，19 世紀以後には，（⁹　　　　）が成立してきたといえる。

節末問題

1節　太陽と地球

1　太陽の動きと季節
◆教科書 p.150-151 参照

次の各問いに答えよ。

(1) 次の文の（　）に適する語句を入れよ。

（¹　　　　　）は1日に1回転し，多くの天体が東からのぼって西に沈むように見える。これが天体の（²　　　　　）であり，地球は1回（³　　　　　）するあいだに太陽のまわりを約1°（⁴　　　　　）する。1日の長さは太陽の南中から次の南中までの時間であり，（⁵　　　　　）である。天球上のある恒星が南中してから次に南中すると地球もちょうど1回自転するが，それまでの時間は，1日よりやや短くなる。したがって，地上から見ると，恒星と（⁶　　　　　）の位置関係が変化し，1年後にもとに戻る。

(2) 次のア～エの日の太陽の南中高度は下図のどこにあたるか，図中の記号を記入せよ。

ア　夏至の日　　イ　冬至の日
ウ　春分の日　　エ　秋分の日

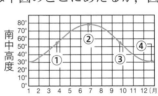

2　日本の気象と災害
◆教科書 p.162-165 参照

次の各問いに答えよ。

思考 (1) 次の①～⑤を春 - 梅雨 - 夏 - 秋 - 冬の順に並び替えよ。

① ユーラシア大陸北部に強い放射冷却により低温で乾燥したシベリア気団が形成され，日本付近は西高東低の気圧配置となる。

② 小笠原気団の高気圧におおわれ晴天が続き，気温が上昇する。

③ 西太平洋の低緯度海域で発生した熱帯低気圧が発達して台風となり，北上して，しばしば日本に来襲する。

④ 南方から暖気，北方から寒気が流れ込んでくるので，天気や気温が周期的に変化して，三寒四温とよばれる天候となる。

⑤ オホーツク海気団から吹き出す寒気と，小笠原気団から吹き出す暖気との境界で梅雨前線が生じる。

(2) 次の文が説明する災害を記述せよ。

① 天候不順で日照不足や低温が続き，農作物に被害が出る。

② 数時間にわたる激しい雨で低い土地に冠水被害をもたらす。

③ 暴風雨により，建造物の破壊や洪水を引き起こす。

1

(1)

1
_____
2
_____
3
_____
4
_____
5
_____
6
_____

(2)

ア　　　　　イ
_____
ウ　　　　　エ
_____

2

(1)

春
_____
梅雨
_____
夏
_____
秋
_____
冬
_____

(2)

①
_____
②
_____
③
_____

1

身近な景観のなりたち

学習日

◆教科書 p.168-171

重要語句

□褶曲
□断層
□正断層
□逆断層
□横ずれ断層

飛騨山脈

本州の中央部には大きな山脈がある。一番北の飛騨山脈（通称北アルプス），その南側には木曽山脈（中央アルプス），一番南は赤石山脈（南アルプス）が連なっている。いずれの山脈も断層などによって形成されたと考えられている。

出てきた語句について自分で説明できるかな？

1　山地の形成

次の文の（　）に適する語句を入れよ。

日本列島には多くの火山がある。そこは，地下深くで形成された（¹　　　　）が上昇，噴出して山になったところである。また現在は活動していなくても，過去のマグマの活動でつくられた（²　　　　）で構成されている山も多い。一方，山地には，海底で形成された（³　　　　）で構成されているところもある。

地層を両側から強く押すことによって，褶曲や（⁴　　　　）ができる。これらの変化が積み重なることにより，地層は全体としてしだいに（⁵　　　　）して，山地が形成される。

2　断層

次の(1)～(3)の断層について（　）に断層名を入れよ。また，それぞれの断層を示している図を選び記号で記入せよ。

(1)　水平方向にずれる断層

　　　断層名（　　　　　　　）　　示している図（　　　）

(2)　両側から押す力によって上下にずれる断層

　　　断層名（　　　　　　　）　　示している図（　　　）

(3)　両側から引く力によって上下にずれる断層

　　　断層名（　　　　　　　）　　示している図（　　　）

① 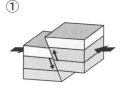　　② 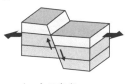　　③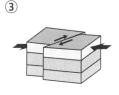

◀ 力の向き

3　日本の山地の形成

以下の文で，正しいものには○，誤っているものには×を（　）内に入れよ。

(1)　赤石山脈は過去数万年以上隆起していない。　　　　　（　　　）

(2)　昭和新山はマグマの活動によってできた。　　　　　　（　　　）

(3)　飛騨山脈は１年あたり５mm 程度隆起している。　　　（　　　）

重要語句

□風化作用
□侵食作用
□運搬作用
□堆積作用
□V字谷
□扇状地
□三角州
□カルスト地形

4 　風化作用・侵食作用

次の文の（　）に適する語句を入れよ。

地表近くの（¹　　　　　）は，地表の温度変化に伴う膨張・収縮や，雨・氷雪に長期間さらされたり，結氷や植物の根の成長で破砕されたりして細かくなる。また化学反応によって，水に溶けたり分解したりする。このようなはたらきを（²　　　　　）作用という。（²　　　　　）作用を受けてもろくなった（¹　　　　　）は，風や流水，氷河などによって削られる。これを（³　　　　　）作用という。日本列島の河川の上流部では，傾斜が急で流れが速いため，（³　　　　　）作用が強くはたらいて地層や岩盤が深く削られ，（⁴　　　　　）がつくられる。

5 　運搬作用・堆積作用

次の文の（　）に適切な語句を下の〔語群〕から選び記号で記入せよ。

風化・侵食によってできた大小さまざまの粒子は，流水や氷河，風などによって低い所へ運搬される。このはたらきを（¹　　　　　）という。河川の流れが緩やかになると，それまで運ばれてきた粒子が堆積する。これを（²　　　　　）という。河川の流速は，山間部から平野への出口で急に衰えるので，上流から運ばれてきた土砂がそこに堆積して（³　　　　　）がつくられる。河口付近では流速がさらに遅くなり，多量の砂が堆積して（⁴　　　　　）がつくられる。

〔語群〕

① 三角州　　② 扇状地　　③ V字谷　　④ 岩石
⑤ 堆積作用　⑥ 運搬作用　　⑦ 風化作用　　⑧ 侵食作用

6 　平地の形成

下の表は，代表的な地形とそれをつくった作用と地名を示すものである。表の（　）に適切な語句を下の〔語群〕から選び記号で記入せよ。

地形	作用	代表的な地名
カルスト地形	(¹　　　　)	秋吉台
V字谷	(²　　　　)	(⁴　　　　)
三角州	運搬・堆積	(⁵　　　　)
砂州	(³　　　　)	(⁶　　　　)

〔語群〕　① 黒部川　　② 天橋立　　③ 広島平野
　　　　　④ 運搬・堆積作用　　⑤ 風化作用　　⑥ 侵食作用

カルスト地形

カルスト地形は石灰岩地帯に現れる。石灰岩の主成分は炭酸カルシウムで，二酸化炭素を含む水に溶ける。その結果，長い間に地下に鍾乳洞が形成されたりする。

地形の形成について，どれくらい理解ができているかな？

理解ができたら Check! ▶

2 地球内部のエネルギー

◆教科書 p.172-177

学習日

重要語句

□地殻
□マントル
□核
□アセノスフェア
□リソスフェア
□プレートテクトニクス
□海溝
□トラフ
□島弧－海溝系
□ユーラシアプレート
□太平洋プレート
□北アメリカプレート
□フィリピン海プレート

プレートテクトニクス論の成り立ち

20世紀前半にドイツのウェゲナーは大陸が移動して現在のような形になったと説明した。20世紀中ごろになってイギリスのホームズらが，マントル対流説を唱えた。やがてさまざまな証拠をもとに1960年代にプレートテクトニクスが完成した。

---

1 プレートテクトニクス

次の文の（　）に適切な語句を下の〔語群〕から選び記号で記入せよ。

地球の表層は，厚さ数 km ～数十 km の岩石でできた（¹　　　　）がとりまき，その下は約 2900 km の深さまで（²　　　　）が続く。さらにその下には，おもに鉄でできた（³　　　　）がある。（²　　　　）は岩石質であるが，上部の深さ約 100 ～ 250 km の領域は比較的やわらかく，流動性が高い。この部分を（⁴　　　　）とよび，その上の（¹　　　　）も合わせたかたい部分を（⁵　　　　）とよぶ。（⁵　　　　）は十数枚にわかれて地球全体をおおい，その1枚1枚を（⁶　　　　）とよぶ。（⁶　　　　）は，異なった向きに年間数 cm の速さで移動しており，この運動に伴ってさまざまな現象が生じるという考えを，（⁷　　　　）という。

〔語群〕

① 核　　② プレート　　③ 地殻　　④ マントル
⑤ プレートテクトニクス　　⑥ リソスフェア　　⑦ アセノスフェア

2 プレート境界と火山・地震

次の文の（　）内に適する語句を入れよ。

マントル深部から高温の物質が（¹　　　　）とよばれる海底の大山脈に向かって上昇する。それが冷え固まってプレートが生まれ，両側へわかれて水平方向に移動する。（²　　　　）付近では，プレートの相対運動によって，地震活動や（³　　　　）変動が活発である。高温物質が上昇してくるところやプレートの（⁴　　　　）付近では，（⁵　　　　）が発生して火山活動が活発になる。

3 日本列島付近のプレート

図中の（　）に適するプレートの名称を入れよ。

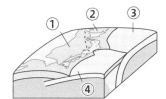

① （　　　　　　　）

② （　　　　　　　）

③ （　　　　　　　）

④ （　　　　　　　）

5章

重要語句

□マグマ
□マグマだまり
□火山フロント
□盾状火山
□成層火山
□溶岩ドーム

火山の例

盾状火山…ハワイの
マウナ・ロア山が代
表例。
成層火山…富士山,
羊蹄山,岩手山,開
聞岳など日本の火山
の多くは成層火山。
溶岩ドーム…有珠
山,昭和新山,雲仙
普賢岳など。

火山の形と特徴を関
連付けて理解ができ
ているかな？

4　日本の火山活動

次の文の（　）に適する語句を入れよ。

　現在も活動中,あるいは最近の約1万年間に活動した痕跡があり,いつ活動を再開してもおかしくない火山を（¹　　　　　）とよぶ。日本列島の火山は,（²　　　　　）やトラフから少し大陸側に離れたところから帯状に,大きく東西二つの系列にわかれて分布している。（³　　　　　）が海溝からマントル中に沈み込んでいくと,プレートから水分が供給されマントル物質がとけやすくなり（⁴　　　　　）が発生する。（⁴　　　　　）は周囲の岩石より密度が（⁵　　　　　）ため上昇する。そして地下数kmまでくると一旦滞留し,（⁶　　　　　）をつくる。そこではまわりから受ける圧力が減るためガス成分の発泡が始まり,マグマ全体の体積が増えると,再び（⁷　　　　　）を上昇して噴火が始まる。このため,沈み込んだプレートが深さ100〜150kmに達する場所付近の地表に帯状に火山が出現する。この火山分布域の海溝側の限界を（⁸　　　　　）とよぶ。

5　火山の形,噴火の様式とマグマの性質

火山の形や噴火様式を説明した以下の文について,各問いに答えよ。
①　高温で粘性が小さいマグマは流れやすいため,火口から連続的にあふれ出して溶岩流となる。これがくり返されてできた火山。
②　上昇途中や噴出直後にマグマが固結してできた大小さまざまな火山噴出物は,火口や山腹に堆積する。このような噴火がくり返されると,火山噴出物が交互に積み重なってできた火山。
③　マグマの粘性が大きく,比較的狭い範囲にもりあがってできた火山。

⑴　①〜③の火山の形の名称を（　）に記入せよ。また,どのような形をしているか下の図から選び記号で記入せよ。

①名称（　　　　　　　　　　）,形（　　　　）
②名称（　　　　　　　　　　）,形（　　　　）
③名称（　　　　　　　　　　）,形（　　　　）

0　1km
A

0　100km
B

0　10km
C

⑵　A〜Cの火山の中で,アもっともマグマの粘性が大きいもの,イもっともマグマの粘性が小さいものをそれぞれ選び,記号で答えよ。　　　　　　　　　ア（　　　　　）,イ（　　　　　）

重 要 語 句

□震源
□震央
□プレート境界地震
□内陸の地殻内地震
□海洋プレート内地震
□活断層
□余震
□マグニチュード
□震度
□津波

マグニチュード

1995 年 1 月 17 日
兵庫県南部地震（阪神淡路大震災）…
*M*7.3
2004 年 10 月 23 日
新潟中越地震…
*M*6.8
2011 年 3 月 11 日
東北地方太平洋沖地震…*M*9.0
2016 年 4 月 14 日と 16 日
熊本地震…*M*6.5 と 7.3

あせらず一つずつ穴埋めしていこう！

6　日本の地震活動

次の文の（　）に適切な語句を下の〔語群〕から選び記号で記入せよ。

（¹　　　　　）は，プレート運動などに伴う強い力によって地下の岩盤が変形してひずみが蓄積し，限界を越えたときに破壊して，揺れが（²　　　　　）となって伝わっていく現象である。地下の最初に破壊が始まった点を（³　　　　　）といい，その真上の地上の点を（⁴　　　　　）という。

海洋プレートが沈み込む海溝付近では，プレート境界面に大きな力が加わり，陸側のプレートが徐々に引きずり込まれる。そのひずみが限界を越えると陸側のプレートがはね上がり，巨大地震が発生する。海溝付近で起こる大地震は，このような（⁵　　　　　）である。またプレートの運動は，プレート内部にもひずみを蓄積させる。ひずみが限界を越えると，断層がずれ動いて地震が発生する。このようなプレート内部の地震には，（⁶　　　　　）と，海洋プレート内地震がある。

一度ずれた断層は強度が弱いため，再びずれやすくなる。そのため，過去数十万年のあいだにずれ動いた痕跡がある断層は，将来も活動する危険性があり，（⁷　　　　　）とよばれている。また，大きな地震のあと，その地域の地下の岩盤が不安定になるため，数か月から数年にわたって（⁸　　　　　）が続くこともある。

〔語群〕

①　震源　　②　地震　　③　地震波　　④　プレート境界地震
⑤　余震　　⑥　震央　　⑦　活断層　　⑧　内陸の地殻内地震

7　地震の規模

次の文の（　）に適する語句を入れよ。また，{　}の中の正しい方を選べ。

(1)　地震で放出されたエネルギーの大きさは（¹　　　　　）（*M*）で表される。*M*の値が1大きくなるとエネルギーは約32倍，*M*が2大きくなるとエネルギーは（²　　　　　）倍となる。

(2)　震源の断層から発生した地震波が伝わると，地面が揺れる。これを（³　　　　　）とよびその激しさを表すのが（⁴　　　　　）である。日本では気象庁により，震度0から7までの10段階が設定されている。一般に，地震の*M*が大きくても震央から離れると震度は{⁵　大きく　，　小さく　}なり，*M*が小さくても震央に近いと震度は{⁶　大きく　，　小さく　}なる傾向がある。

理解ができたら Check! ▶

3 自然の恵みと自然災害

学習日

◆教科書 p.178-184

重要語句

- □余震
- □液状化
- □集中豪雨
- □標高差
- □傾斜
- □集中豪雨
- □洪水
- □平野部
- □増水

1　火山災害と地震災害

次の文の（　）に適切な語句を下の〔語群〕から選び記号で記入せよ。

日本の火山の地下にあるマグマは，比較的粘性の（¹　　　）ものが多く，溶岩流を連続的に噴出させる火山はほとんどない。しかし，時間をおいて定期的に激しい（²　　　）をくり返す火山は多く，その前兆を捉えるため，おもな50の火山で常時観測が行われている。頻度は低いが，激しい爆発によって山体が（³　　　）することも過去にはあった。さらに，数千～1万年に一度ではあるが，（⁴　　　）な噴火が起こることもある。

強い（⁵　　　）によって，建物や構造物の倒壊，それに伴う人命や財産の喪失，さらに大小さまざまなインフラの被害による経済の停滞など，深刻な被害がしばしば起こる。さらに大きな揺れがおさまっても火災が発生したり，（⁶　　　）が数か月以上続いたりすることもある。長期間，後遺症やストレス障害に悩まされる人も多い。

震源が海域の大地震では，（⁷　　　）が発生することがある。軟弱地盤の土地の場合，揺れとともに地盤が（⁸　　　）し，建造物が傾き，交通網や地下のライフラインが被害を受けることがある。

〔語群〕

① 噴火　② 破局的　③ 崩壊　④ 液状化
⑤ 地震動　⑥ 余震　⑦ 津波　⑧ 大きい　⑨ 小さい

2　水害や土砂災害

次の文の（　）に適する語句を入れよ。

日本の河川は，水源から河口までの（¹　　　）の割には長さが短く，（²　　　）が大きい。したがって大雨が降ると一気に流量が増し，しばしば水害をもたらす。

狭い範囲に大量の雨が短期間に降る現象を（³　　　）という。とくに梅雨期，降り続いた雨で緩んだ地盤の上にこの現象が重なると，（⁴　　　）や土石流，地すべりなどが引き起こされやすい。

（⁵　　　）には，低い湿地であったところが，宅地化されたり商工業施設になったりしたところも多く，大河川が（⁶　　　）することによって水があふれたりすることがある。

日本の災害についてどれくらい理解できているかな？

3　災害への備え

災害への備えに関する以下の文について，正しいものには○，誤っているものには×を（　）内に入れよ。

(1)　警報・特別警報をいかすには，日ごろから地元自治体の公開している防災情報などを活用して，地域の特性を理解することが重要である。　　　　　　　　　　　　　　　　　　　　（　　　）

(2)　災害の発生は，そのときの気象条件や地域の地形・地質・地盤などの条件に左右されない。　　　　　　　　　（　　　）

(3)　安全な場所へ避難する準備をととのえておくことが重要である。
　　　　　　　　　　　　　　　　　　　　　　　　　（　　　）

(4)　自然条件や，社会条件は地域ごとに異なるため，災害の起こり方も対処法も，一般論では語れない。　　　　　（　　　）

(5)　防災計画は，過去にあった災害の記録や痕跡の調査による予測に基づいて想定したもので，この想定を上まわる現象が起こることはない。　　　　　　　　　　　　　　　　　　（　　　）

4　防災と減災

次の文の（　）に適する語句を入れよ。

火山，活断層や急峻な地形，河川などは，その存在自体が災害を起こす可能性をもっている。このような事物や現象を（¹　　　　　）とよぶ。しかし，それらは地球内部のエネルギーによって生まれるものであり，そのような（¹　　　　　）に近接した土地に人間がいなければ，被害は生じない。ところがいろいろな事情でそこに人間がすんだり，生産活動が始まってさかんになったりするほど，人間社会が被害を受ける危険性は高まる。

（²　　　　　）が発生したとき被害を受けないためには，まず地域のどこで，どのような（²　　　　　）の可能性があるか，すなわち（¹　　　　　）を知っておくことが重要である。自治体では科学的な調査を行い，各種の（²　　　　　）に対して，どこにどんな（¹　　　　　）があるかを地図上に示した，（³　　　　　）を作成している。そして（⁴　　　　　）を立て，防災対策事業を行ったり，防災訓練を実施したりしている。

火山噴火，大地震，異常気象など，自然災害をもたらす現象が発生し，そのときには被害が発生することを前提にして，その被害の程度を最小化するためのとり組みが必要となる。これを（⁵　　　　　）という。

住んでいる地域や学校の防災計画や減災へのとり組みを調べてみよう！

5 プレートと災害のリスク

次の文の（　）に適する語句を入れよ。

日本列島は，4枚の（¹　　　　）が接する境界付近にある。このため（²　　　　）が著しく，火山活動や地震活動が活発である。これらの活動によってしばしば（³　　　　）が発生するが，一方多くの（⁴　　　　）も私たちにもたらす。恵みの追求のみに重点を置いた開発が進められると，（⁵　　　　）が見えにくくなり，（⁶　　　　）やそれに対する備えがなおざりにされる恐れがある。

6 自然から受ける恵み

次の文の（　）に適切な語句を下の〔語群〕から選び記号で記入せよ。

かつて南方の火山島のサンゴ礁でつくられた（¹　　　　）は，プレートの運動によって現在の日本列島の位置まで運ばれて隆起し，（²　　　　）の原料として採掘され，経済成長を支えている。

地下にある（³　　　　）の熱は，地下水を温め各地に温泉を湧き出させる。さらに高温の蒸気をつくり，それを利用した暖房や（⁴　　　　）も行われている。

火山や断層の活動は山地を高くし，海上を渡ってきた湿った風が山地を越えるとき，（⁵　　　　）がもたらされる。そのほとんどは，梅雨や台風による降雨，冬季の降雪によってまかなわれている。降水は森林を育み，さまざまな生物の生息場所になるとともに，水を蓄え，地表や地下を流れる水は，貴重な（⁶　　　　）として利用される。

〔語群〕

①　降水　　　②　マグマ　　　③　淡水資源
④　石灰岩　　⑤　地熱発電　　⑥　セメント

7 自然環境の保全

次の文の（　）に適する語句を入れよ。

日本では1934年以来，自然景観と野生生物の保護をおもな目的として（¹　　　　）や国定公園が指定されてきた。そして2008年以降，自然環境の保全に加え，自然を活用した教育を行いながら，地域の持続可能な発展をめざすという趣旨のもと，（²　　　　）が各地に設立されてきた。現在，日本には（²　　　　）として46地域が認定されており，そのうち（³　　　　）に認定された世界（²　　　　）が10地域ある。

節末問題

2節　身近な自然景観と自然災害

1 平地の形成　◆教科書 p.170-171 参照

地表の起伏を少なくする次の作用について，(1)〜(3)の問いに答えよ。

① 岩石が，風や流水，氷河などによって削られること。

② 削られた粒子が，流水，風などにより低い所へ運ばれること。

③ 河川の流れが緩やかになり，運ばれてきた粒子が堆積すること。

(1) 作用①〜③は何という作用か，それぞれ記入せよ。

(2) 作用①・③で形成される地形をそれぞれ一つずつ記入せよ。

(3) 作用①・③で形成される地形の代表的な地域の名称をそれぞれ一つずつ記入せよ。

2 火山の形，噴火の様式とマグマの性質　◆教科書 p.174-175 参照

火山の大きさやマグマの特徴などについて適する〔火山の形〕を選び記号で記入せよ。

(1) 火山の大きさがいちばん大きいもの。

(2) マグマの粘性がいちばん大きいもの。

(3) マグマの爆発力がいちばん小さいもの。

〔火山の形〕　① 盾状火山　② 成層火山　③ 溶岩ドーム

3 さまざまな自然災害　◆教科書 p.178-180 参照

下の図は酒匂川の平山付近で起こった水難事故の際に，上流での降水量および平山での水位の上昇の変化を示したものである。これから読みとれる事象について，次の文のうち正しいものをすべて選び記号で記入せよ。

① 事故現場の水位は，急に 60 cm 以上上昇し始めた。

② 事故現場の水位は，急に 60 cm 以上下降し始めた。

③ 降水のピークと下流での水位上昇には時間差があった。

④ 降水のピークと下流での水位上昇には時間差がなかった。

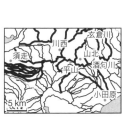

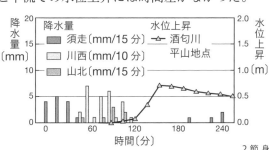

1

(1) ① _____

② _____

_____

③ _____

(2) ① _____

③ _____

_____

(3) ① _____

③ _____

_____

2

(1) _____

(2) _____

(3) _____

🖋 **Hint**

折線グラフは推移の変化，棒グラフは各地点での降水量を表している。

3

_____

5章

これからの科学と人間生活

学習日

／

◆教科書 p.190-193

1　科学のこれから，科学技術のあり方，環境問題とは何か

次の文の（　）に適切な語句を下の〔語群〕から選び記号で記入せよ。

科学は（¹　　　　　）を知るための学問である。宇宙とは何か，地球とは何か，生きものとは何か，人間とは何かを問い，さらに物質やエネルギーの本質を明らかにしようとしてきた。そして，観察し，実験することによって自然の中に基本法則を発見してきた。すべてに（²　　　　　）をみいだすのが科学であると考えられてきたのである。しかし，実際に自然を眺めるとそこには（³　　　　　）が見えてくる。

自然を十分に知らないまま（⁴　　　　　）の開発を進め，広げすぎた結果，それがいま，（⁵　　　　　）という大きな課題をうみ，その解決が求められている。これは，誤った（⁴　　　　　）の利用をおさえる以上の難問ともいえるかも知れない。

（⁶　　　　　）は，私たちが水，食べ物，大気中の酸素を必要とし，体内にとり入れる生きものであるからこそ存在する。（⁶　　　　　）がたいせつなのは，人間だけでなく，ほかの生きものも同じである。

〔語群〕

①　地球環境問題　　②　共通性　　③　環境　　④　科学技術
⑤　多様性　　⑥　自然

2　環境問題とは何か，壊される自然

次の文の（　）に適する語句を入れよ。

(1)　石油は液体となった（¹　　　　　）であり，有用な物質であると同時に，非常に使い勝手がよい。そのために，石油に依存しすぎた結果，その燃焼によって生じた二酸化炭素が，（²　　　　　）を引き起こしていると指摘されている。

(2)　東南アジア，中南米，アフリカに広がる（³　　　　　）は，光合成による（⁴　　　　　）の吸収と酸素の供給を行い，気候の維持に貢献してきた。しかも，（³　　　　　）には，非常に多様な生きものが暮らしている。この 50 年ほどの間に，先進国への建材や紙パルプの供給，現地における農業や牧畜の発展などのために，（³　　　　　）は急速に減少してきた。破壊をくい止め，植林によって森林をとり戻す努力が求められている。

学んだことをいかして解いていこう！

科学と人間生活　ふり返りシート

各単元の学習を通して，学習内容に対して，どのぐらい理解できたか，どのぐらい粘り強く学習に取り組めたか，○をつけてふり返ってみよう。また，学習を終えて，さらに理解を深めたいことや興味をもったこと，学習のすすめ方で工夫していきたいことなどを書いてみよう。

▶ **1章　科学と技術の発展** ★ p.1-2

学習の理解度	粘り強く取り組めたか	主体的な態度
できなかった　1　2　3　4　5　できた	できなかった　1　2　3　4　5　できた	A　B　C

●学習を終えて，さらに理解を深めたいことや興味をもったこと　など

▶ **2章　1節　材料とその再利用** ★ p.3-13

学習の理解度	粘り強く取り組めたか	主体的な態度
できなかった　1　2　3　4　5　できた	できなかった　1　2　3　4　5　できた	A　B　C

●学習を終えて，さらに理解を深めたいことや興味をもったこと　など

▶ **2章　2節　食品と衣料** ★ p.14-23

学習の理解度	粘り強く取り組めたか	主体的な態度
できなかった　1　2　3　4　5　できた	できなかった　1　2　3　4　5　できた	A　B　C

●学習を終えて，さらに理解を深めたいことや興味をもったこと　など

▶ **3章　1節　ヒトの生命現象** ★ p.24-32

学習の理解度	粘り強く取り組めたか	主体的な態度
できなかった　1　2　3　4　5　できた	できなかった　1　2　3　4　5　できた	A　B　C

●学習を終えて，さらに理解を深めたいことや興味をもったこと　など

▶ **3章　2節　微生物とその利用** ★ p.33-40

学習の理解度	粘り強く取り組めたか	主体的な態度
できなかった　1　2　3　4　5　できた	できなかった　1　2　3　4　5　できた	A　B　C

●学習を終えて，さらに理解を深めたいことや興味をもったこと　など

▶ 4章　1節　熱の性質とその利用　★ p.41-50

学習の理解度	粘り強く取り組めたか	主体的な態度
できなかった　1　2　3　4　5　できた	できなかった　1　2　3　4　5　できた	A　B　C

●学習を終えて，さらに理解を深めたいことや興味をもったこと　など

▶ 4章　2節　光の性質とその利用　★ p.51-59

学習の理解度	粘り強く取り組めたか	主体的な態度
できなかった　1　2　3　4　5　できた	できなかった　1　2　3　4　5　できた	A　B　C

●学習を終えて，さらに理解を深めたいことや興味をもったこと　など

▶ 5章　1節　太陽と地球　★ p.60-68

学習の理解度	粘り強く取り組めたか	主体的な態度
できなかった　1　2　3　4　5　できた	できなかった　1　2　3　4　5　できた	A　B　C

●学習を終えて，さらに理解を深めたいことや興味をもったこと　など

▶ 5章　2節　身近な自然景観と自然災害　★ p.69-77

学習の理解度	粘り強く取り組めたか	主体的な態度
できなかった　1　2　3　4　5　できた	できなかった　1　2　3　4　5　できた	A　B　C

●学習を終えて，さらに理解を深めたいことや興味をもったこと　など

▶ 6章　これからの科学と人間生活　★ p.78

学習の理解度	粘り強く取り組めたか	主体的な態度
できなかった　1　2　3　4　5　できた	できなかった　1　2　3　4　5　できた	A　B　C

●学習を終えて，さらに理解を深めたいことや興味をもったこと　など